Varia / Feltrinelli

Alberta Basaglia

Le nuvole di Picasso

Una bambina nella storia del manicomio liberato

Con Giulietta Raccanelli

Feltrinelli

Prima edizione in "Varia" febbraio 2014

Stampa Nuovo Istituto Italiano d'Arti Grafiche - BG

ISBN 978-88-07-49163-4

Le nuvole di Picasso

C’era una volta una bambina di quindici mesi. Osservava il mondo e ancora non parlava. Era estate, un giorno di pioggia. In mezzo agli alberi, in braccio allo zio, si lascia scappare una frase: “Quante foglie gocciolanti”. Non l’avrebbero più sentita dire altro per un anno ancora.

1.

Il grembiule arancione

Il grembiule arancione della scuola Montessori di Padova me lo sono portato anche a Gorizia. Arrivata alla nuova elementare, mi ritrovo con le altre bambine che avevano, tutte, il grembiule bianco. Massima concessione, un fiocco rosa. Mi sentivo improbabile come un'arancia rotolata in un campo di bucaneve. E poi c'era la ragazza alla pari inglese Carolyn, dai capelli celesti. Non era un look voluto, il suo, nessun riferimento alla Swinging London eccentrica, stracciata e inebriante. Era solo perché non le riusciva mai di imbroccare la tinta giusta. Carolyn mi veniva a prendere spesso. Ma io non volevo che parlasse con nessuno davanti a scuola. Per non fare sentire che era straniera. Parlavo io per lei. Ero già l'unica nuova bambina, per di più arancione e che guardava le altre compagne, tutte bianche, con la testa storta, figuriamoci poi se aggiungevo a queste stranezze anche le tate inglesi. Dopo di lei arrivò Catherine, seguita da Cinny, poi fu il turno di Veronica, di un'altra Carolyn, di una Jane, di una Jennet, di una Mary, di una Linda e così fino a tredici.

Avrei dovuto aspettare un anno scolastico per capire che ero almeno un po' contagiosa: se non altro per una delle stranezze, quella del grembiule. Al cambio taglia, l'ottobre seguente nelle classi spuntarono certi grembiuli poco ortodossi, dai colori matti, come il mio. Così, al bianco imperante e all'unico arancione dell'anno precedente, si aggiunsero dei rossi, degli azzurri, dei verdi, dei gialli. In quinta elementare l'epidemia dilagò e le classi erano diventate un allegro arcobaleno. Era bello essere contagiosi, ma le baby-sitter straniere e la faccenda della testa storta sarebbero rimasti accidenti solo miei, non esportabili. Le ragazze alla pari sarebbero diventate meno rare solo molti anni dopo, ma la testa storta sarebbe stata sempre e solo mia. Era per via dei miei buchi nel fondo degli occhi. Vedere di sghembo era il mio modo per poter osservare il mondo.

2.

Vedere di sghembo

La vita dei due genitori che mi erano capitati in sorte era talmente identificata nella loro scelta che tutto rientrava nello stesso calderone: l'idea era che tutti, proprio tutti – maschi, femmine, matti, malati, bambini, bambini malati – dovevano avere una possibilità per poter vivere la loro vita. La malattia c'è, non la si nega, ma il fatto che ci sia non deve impedire alla persona in questione di poter vivere e agli altri intorno di poter stare con lei. E anch'io con il mio Coloboma ero nel gruppo. Grazie alla mia malattia, ho capito dal di dentro il ragionamento dei miei. Eccomi a due anni a Ginevra, da un luminare degli occhi; arrivati in albergo, quando era ormai buio, il medico mi visita in camera. Da quel momento in poi, malgrado le lesioni al fondo dell'occhio mi avessero portato a essere diagnosticata praticamente cieca, ho vissuto senza limitazioni. Sono stata lasciata libera di decidere il mio modo di vedere. La mamma mi seguiva da lontano la mattina quando, come tutti gli altri, andavo a scuola a piedi, da sola o scortata da mio fratello Enrico, il fratello invincibile e coraggioso. Enrico era il mio Zorro, il mio Piccolo Principe, saggio e tenero insieme, ma era anche il mio Nembo Kid (che poi sarebbe il Superman di quegli anni, in versione italiana. Per via dei diritti d'autore costava troppo mantenergli il nome originale. Così, per coerenza, da noi gli cancellavano anche la S dal petto).

La Franca non è mai intervenuta per aiutarmi e io ce l'ho fatta. Anche a sciare mi lasciava andare. Ma quando scii come fai? "Chiudo gli occhi e vado" – lei aveva un brivido, eppure non mi fermava. Anche alla Venus basket andavo: chiudevo gli occhi e partivo con i palleggi. Ricordo una partita, il mio canestro era essenziale per vincere. Ho chiuso gli occhi, ho tirato e ho segnato, nel tripudio generale. Meglio di un film. Anche a scuola andavo senza limiti, vedevo sghembo, adattavo il mio sguardo speciale e andavo. Per concludere, 'sti buchi negli occhi non mi facevano vedere come gli altri, in pratica non vedevo proprio. Ma questa era la realtà delle cose e io dovevo conviverci e andare avanti comunque, senza tanti sconti. Il 4 in disegno però restava; uno scoglio insormontabile. Strano perché io ero da sempre considerata l'artista di famiglia.

La mia specialità erano le nuvole che si sparpagliavano in quei cieli azzurri sui grandi fogli di carta da pacchi che erano il mio album da disegno preferito, dove mi potevo liberare dalle rigide regole scolastiche. Nei miei cieli abitavano nuvole affidate al caso, imperfette e libere. C'era il caleidoscopio dei miei sguardi sghembi. "Che magnifico periodo blu," si complimentavano con me i grandi di casa. Tanto che papà spesso mi diceva: "Sono talmente belle che dovresti mandarle a Picasso, perché gli piacerebbero sicuramente". A casa niente era considerato impossibile, nessuna separatezza, nessun solco e confine impenetrabile tra la gente normale e quella superfamosa. Quindi avrei potuto benissimo infilare le mie nuvole in una busta e spedirle a Mougins, Costa Azzurra, al Mas Notre-Dame-de-Vie; il villone provenzale dove il maestro stava trascorrendo i suoi ultimi dodici anni di permanenza in questo mondo. Unico dubbio: avrei dovuto mettere sul retro della busta tutta la sua collezione di nomi o sarebbe bastato scrivere Picasso? Non sapevo molto delle poste francesi, ma potevo immaginare fossero maniacalmente precise: quindi pensavo a come far stare Pablo Diego José Francisco de Paula Juan Nepomuceno María de los Remedios Cipriano de la Santísima Trinidad Ruiz y Picasso sul retro della busta. Complicato ma fattibile. Anche perché avrei dovuto usare un bustone, visto che doveva contenere le mie nuvole. Peccato che alla fine avessi deciso perentoria che non mi andava proprio di regalarle a Monsieur Picasso: "Ma cosa me ne importa a me di dargliele? Io non ci penso proprio", e, distesa a pancia in giù, continuavo imperterrita a disegnare. Non sarebbero mai state sue e non avevano bisogno di nessun altro estimatore. Tanto meno di un anziano pittore spagnolo dal brutto carattere. Anche se poi per tutti sarebbero rimaste le nuvole di Picasso.

Malgrado tutto, arrivata in terza media ero sempre quella negata in disegno. Allora decido di puntare, per recuperare, sul ritratto di un bel cigno. Era lì, impettito sul foglio, sostenuto da un paio di belle zampe palmate. Ma i cigni, nei disegni dei bambini che si rispettino, non hanno le gambe, tutt'al più galleggiano sull'acqua calma di un laghetto. Così il prof decretò che il 4 me lo dovevo tenere. E con quel voto sarei andata all'esame. Che fare? In famiglia si decise che dovevo specializzarmi su un tema e puntare su quello, memorizzarlo talmente bene da farlo anche a occhi chiusi. Scelsi Campo San Polo di Venezia e con l'aiuto di Vittorio, il cugino pittore, lo imparai tutto a memoria; luci e ombre, masegni, panchine, facciate dei palazzi. La solita faccia storta sopra il foglio bianco, per riprodurlo, pezzo per pezzo. Avrei adattato quel paesaggio a ogni richiesta. Il giorno dell'esame arrivò; titolo: *Disegna una poesia*. E arrivò anche l'idea, perfetta: scelsi *La quiete dopo la tempesta* e disegnai il mio campo con un'unica variazione: una bella pozzanghera al centro della scena. Risultato: 8/9; gioia grande per tutti; e una lezione per chi taglia le gambe ai cigni.

Dialogo con papà sulla mia orbaggine:

"Vieni qui, siediti in braccio mio e spiegami come vedi," mi chiedeva lui. "Per esempio quella lampada là come la vedi?"

"La vedo grande, grande giusta."

"Ma giusta come?"

"Giusta."

"Cosa vuol dire giusto? Come è il tuo giusto?"

"È il grande giusto. Giusto così."

"Ma le mani tue hanno un giusto che è più piccolo del mio."

E le nostre mani appoggiate una sull'altra dimostravano che effettivamente erano grandi diverse. "Va bene, allora guarda quanto grande è per esempio quella sedia."

"È grande giusta, è grande così."

"E quella finestra?"

"Anche la finestra è grande giusta, grande così."

"Ma quanto è lontana?"

"È lontana lontana... giusta, o forse lontana, lontana vicina... no. Be', insomma la finestra è lì."

Non se ne usciva. Andavamo avanti per ore e senza capirci niente. Insomma la stessa cosa che può capitare quando parlano i matti.

3.

Gorizia

Gorizia era come Berlino. Il muro la attraversava, mi pare fosse rosso, una staccionata di metallo che tagliava in due la piazza Transalpina e divideva anche il parco dell'ospedale psichiatrico dove era andato a lavorare papà. Franco risultava troppo ingombrante per la sua clinica universitaria di Padova; il suo era un lavoro di studioso che intrecciava in modo sacrilego la filosofia alla psichiatria. Più che gli inventori della scienza psichiatrica gli interessavano i filosofi della scuola di Francoforte. Più che la malattia gli interessava il malato. Fu così che l'Università riesce a sbarazzarsi di lui esiliandolo in Friuli e Gorizia acquista in blocco tutta la nostra famiglia. La periferia e la stazione ferroviaria che si affacciava sulla piazza erano Jugoslavia, il resto era Italia. La gente andava e veniva, aveva il lasciapassare da residente, ma siccome il muro aveva un sacco di buchi, ci si poteva passare anche attraverso. "Il contadin che vien dalla Bosnia" era di casa a Gorizia. Arrivava da Nova Goriça, dove la stella rossa e la scritta "Mi gradimo socijalizam" (Noi costruiamo il socialismo) sono rimaste sulla facciata della stazione fino al 1991.

4.

Venezia

Noi invece arrivavamo da Venezia. E a Venezia ogni sabato si tornava. Questo andare e venire per me era sempre più un problema: con la Venus basket mi saltavano tutte le partite che, come ovvio, si giocavano la domenica. Poi mi saltavano anche gli appuntamenti con gli amici, le feste e i giri del sabato pomeriggio. Un bel peso. Ma almeno a Venezia mi ritrovavo con la nonna e col cugino Vittorio. Ed era un gran divertimento. Perché Vittorio non era un cugino qualunque, era il cugino grande, il pittore che mi aveva insegnato a disegnare Campo San Polo a occhi chiusi e che nel suo studio faceva sempre quadri enormi e aveva la fissa dei cavalli. Durante quei fine settimana, io esperta di nuvole, venivo nominata sua aiutante di campo e dovevo dipingere gli sfondi delle sue tele infinite, lunghe anche più di venti metri. Ecco *La crociata dei bambini*, ventiquattro metri di avventure che si snodavano di centimetro in centimetro per raccontare l'epopea incredibile e tragica, di cui resta traccia in certe cronache medievali, di un esercito di bambini, capitanati dal pastorello Stefano (quasi un Pifferaio Magico), decisi ad andare in Terra Santa a combattere contro i mori. Correva l'anno 1212. Il piccolo balzano esercito parte da un paesino della Loira e lungo il viaggio si ingrossa sempre più. Parigi e poi Marsiglia. Si imbarca su sette navi messe a disposizione da certi mercanti e parte destinazione Terra Santa. Ma al largo della Sardegna la flotta viene investita da una tempesta e i superstiti vengono venduti come schiavi in Egitto. Erano tante le avventure da disegnare. Vittorio avrebbe potuto farne molti quadri e invece scelse una tela unica. Il discorso della lunghezza era per un motivo ben preciso: erano tele pensate per essere vendute al metro, un po' come si fa con le stoffe.

Insieme a Vittorio c'era la nonna Cecilia: sempre in cappello con veletta, fiera del suo passato di maestra e di suffragetta, amava ricordarci, tra fiumi di racconti, il tema di uno dei suoi innumerevoli alunni, un perfetto emblema di concisione e di avventura insieme: "Presi i fulminanti, li misi sulla sfesa della tolla e li impissai. Poi vennero la mamma e se la dettero a gambe". Mentre raccontava, i suoi occhi grigio chiaro, profondi e allegri, ridevano. E con lo stesso candore con cui ricordava le storie dei suoi alunni ci parlava di quando fece arrestare Franco. Anno 1944, Franco partigiano. Quando i fascisti arrivarono per prenderlo, lui era già in fuga sui tetti. A Venezia è possibile saltare da una casa all'altra. Se le case non sono unite fra loro, al massimo ci sono le calli che le separano. Talmente strette che richiedono poco più di un balzo per passare su un altro edificio. Ma quest'idea terrorizzava nonna Cecilia, la giudicava troppo pericolosa. Così pericolosa da urlare a Franco istintivamente, proprio davanti ai poliziotti, di non scappare sui tetti. La polizia così lo ha potuto beccare subito e l'ha spedito dritto in galera. A raggiungere gli altri del gruppo, tra cui "l'amico" che l'aveva denunciato e Alberto che era il fratello di quella che sarebbe stata mia mamma. Lui di come è finito dietro le sbarre non ne ha mai parlato, ma per fortuna ci ha pensato la nonna, con la solita leggerezza.

Spesso veniva avvistata in calle a fare la spesa in pelliccia e ciabatte; non certo per sciatteria, semplicemente perché si era dimenticata di mettersi le scarpe. Lievi, eccentriche e coraggiose dimenticanze. Come quella volta che si ritrovò alla Fenice in sottoveste. Non era tipa mondana, ma a certe uscite non poteva sottrarsi. E anche in quell'occasione faceva di tutto, ma non si decideva a prepararsi per la soirée. Il nonno Enrico le dice che è tardi, al teatro non aspettano. "Muoviti!" Fatto sta che una volta entrata tra gli stucchi e gli ori del foyer, si leva la pelliccia e si rende conto che per la fretta si era dimenticata di mettersi il vestito. Ma piuttosto che nascondersi, decide di sfoggiare la sua sottoveste da gran sera, anticipando di quasi un secolo certe tendenze nostrane, matte per pizzi e corsetti a vista. Sapeva osare, nonna Cecilia. Ma da vera borghese eccentrica dell'Ottocento, la sua veletta non se la scordava mai.

5.

Il caffè del signor Toni

Si finiva scuola all'una del sabato e poi, cinque minuti dopo la campanella, via in macchina. Direzione, per l'appunto, Venezia. Non c'era settimana che si saltasse quella che a ben vedere assomigliava a una fuga. Un andarsene necessario per respirare aria diversa, per staccarsi almeno un poco dalla realtà del manicomio. Gradisca di Isonzo, Cervignano, Latisana; si superava Portogruaro, si arrivava in Veneto sfiorando San Donà di Piave, poi Mestre. Ed era quasi finita: bastava imboccare il Ponte della Libertà ed eccoci arrivati a Piazzale Roma: il limite invalicabile per le auto, che lì sono da mollare per entrare in città. La macchina si infilava dentro al grigio blocco di cemento finestrato del parcheggio comunale, con l'inconfondibile odore stantio di polvere mista a vapori di benzina; saliva la buia rampa a chiocciola e, al primo piano, si fermava al posto a lei assegnato. Poi giù di corsa, perché il signor Toni stava aspettando Franco al bar del piano terra.

Era il momento del loro caffè. Non c'era settimana che lo saltassero. Anche il signor Toni era reduce da un viaggio di un centinaio di chilometri; lui però, in perfetta e sorprendente sincronia con noi, arrivava dalle montagne del bellunese. Accompagnato regolarmente dalla sua signora, che stava sempre ad aspettarlo in macchina. Giacca, panciotto e cravatta, distinto nei modi. Appena ci vedeva ci salutava con un sorriso mesto e gli occhi tormentati di chi convive con la sofferenza mentale e con le sue numerose crisi. Quelle sedute al tavolino del bar evidentemente funzionavano e sono andate avanti per anni. E per anni lui è riuscito a non smarrirsi, grazie al sostegno complice di una moglie che non ha mai mancato una volta di accompagnarlo e grazie al suo appiglio a Franco, che gli bastava incontrare nei fine settimana. Quelle conversazioni davanti a un caffè riuscivano a non farlo perdere nei suoi fantasmi, tanto da riconoscere in questo loro inusuale rapporto medico-paziente un simbolo della rivoluzione del professor. Scherzando dichiarava di essere "il miracolo Basaglia". Ricambiare il saluto del signor Toni per me significava essere davvero arrivati. Un veloce cenno di risposta e proseguivamo a piedi, per correre di calle in calle da nonna Cecilia. Il papà ci avrebbe raggiunto di lì a neanche un'ora. Era fatta, il fine settimana veneziano poteva cominciare.

6.

In viaggio

Gorizia-Venezia, centoquaranta chilometri: a spanne non ci si doveva mettere più di un paio d'ore. Invece il tutto durava almeno il doppio, per certe digressioni a caccia di mobili antichi. A niente valevano le mie proteste. Ma come, pensavo, tutta 'sta fretta per partire e poi tutto 'sto tempo fermi tra un robivecchi e l'altro? Ma a Venezia quando arriviamo? Stavo là, spesso per protesta non uscivo nemmeno dall'auto parcheggiata davanti al rigattiere di turno. Intanto Franco si aggirava tra i vecchi mobili impolverati e le tante piccole cose di pessimo gusto che in genere affollano questi luoghi. Era come un segugio a caccia di tartufi, l'occhio divertito e ironico che analizzava ciò che aveva intorno. Tra tanta paccottiglia, annusato il pezzo che gli interessava, partiva con un lungo, lento, ragionato avvicinamento. Fatto di discorsi presi alla larga, di frasi apparentemente buttate lì, di sfide lanciate a se stesso per riuscire a portare dalla sua il robivecchi. Se l'affare non si poteva concludere subito nessun problema, tanto ci si rivedeva il sabato seguente. E tra i due iniziava un gioco che riusciva a divertire entrambi e che a volte portava a un rapporto di durevole complicità, che si sarebbe condito di altri probabili affari futuri. Alla fine, dopo lunghe e diplomatiche trattative, in genere l'agognato oggetto partiva con noi, caricato sul portapacchi. Questo gioco a volte usciva dai luoghi deputati (i vari bric-à-brac) e sconfinava anche in altri inaspettati ambiti. Come quando Franco andò a visitare ripetutamente una piccola canonica di campagna; inviti conditi da gran discorsi tra lui e il parroco e alla fine sfociati in uno scambio: un antico mobile da sagrestia barattato con un moderno, efficiente, igienico, grande armadio in formica.

Durante tutto questo mercanteggiare rivedevo nei suoi occhi lo stesso sbarluccichio che notavo quando parlava di psichiatria, la stessa vitale voglia di accettare sfide, di darsi da fare e di muoversi che non lo abbandonava mai. E ci ridevamo su, perché perfino in spiaggia non riusciva ad arrendersi a quel po' di sana pigrizia mista a indolenza che ti porta a distenderti sulla sabbia calda aspettando l'ora per una nuotata. Eccolo lì, seduto a guardare l'orizzonte, perfettamente vestito, all'ombra delle tende moresche che arredano l'arenile del Lido, quella lingua di sabbia chiara che protegge la laguna di Venezia. Unica concessione i pantaloni rimboccati fino alle ginocchia, ma con le vecchie Clarks ai piedi. Dopo cinque brevi, contemplativi minuti, già scalpita e ridacchiando ci dice: "Be', adesso andiamo?".

"Ma se siamo appena arrivati?" Noi che lo conosciamo riusciamo a non spazientirci e ridiamo con lui. A ripensarci, anche il tempo libero può essere noioso se non riesce a entusiasmarti quanto ti entusiasma il tuo mestiere. Beato lui che si è trovato un lavoro che gli è piaciuto così tanto. Comunque noi, incuranti della sua insofferenza, continuavamo a trafficare tra la sabbia con formine, secchielli e biglie. In attesa del calar del sole per il torneo di balzi di sassi nell'acqua. Incominciavamo in quattro, io naturalmente ero la prima a essere squalificata, il mio sasso sembrava di piombo, spariva nell'acqua dopo appena un salto. Subito dopo era il turno della Franca; forse per non farmi sentire sola, il suo sasso faceva appena qualche balzo in più. Così in gara restavano i due maschi di casa e lì incominciava la vera sfida. Con quei bei ciottoli piatti, che solo loro riuscivano a trovare; li facevano rimbalzare a pelo d'acqua fino a dieci volte, ma anche di più. Alla fine vinceva sempre Enrico, lui aveva più tecnica, più pazienza, più cocciutaggine e soprattutto più allenamento di tutti noi.

Alla domenica da casa di nonna Cecilia si partiva sul tardi; era tutto calcolato per arrivare a Latisana all'ora di cena. Ci aspettava sempre il solito ristorante, Sot la Nape. Subito dopo mangiato, ci sciroppavamo gli ultimi sessanta chilometri e si arrivava a Gorizia giusto per ficcarsi sotto le coperte. Sessanta chilometri assai canterini: al papà guidare faceva sempre un gran sonno, figurarsi a quell'ora e con lo stomaco pieno. Quindi non mi potevo lasciare andare al dolce sopore che spesso mi avvolgeva nei noiosi viaggi in macchina; bisognava invece cantare a squarciagola. Andava per la maggiore *Nessuno mi può giudicare*, testo intergenerazionale e quindi conosciuto a memoria da tutti e quattro i passeggeri.

A proposito di strategie per combattere il sonno d'auto, Franco ne aveva escogitata un'altra. Usata se era solo o con un unico compagno di viaggio. In questi casi era impossibile organizzare un coro strutturato e allora ricorreva agli autostoppisti. Alla vista di un braccio teso e di un pollice alzato, inchiodava, accostava e calava il finestrino. Un saluto e subito la domanda di rito: "Scusi, lei sa guidare?". A risposta affermativa si apriva la portiera, Franco scendeva e cedeva il volante. Breve trattativa per concordare la tappa di sbarco e poi sonno libero. Finalmente, mollati i comandi, si poteva addormentare in pace.

7.

Casa

A Gorizia dunque era la nostra casa. Il direttore aveva diritto all'appartamento nel manicomio, ma Franco non voleva che noi vivessimo là. Diceva che neanche lui si sarebbe mai aspettato di trovare l'incubo di catene, camicie di forza e degrado che gli si era presentato davanti all'arrivo. Figuriamoci se poteva accettare che dei bambini vivessero in un posto tanto orribile. Visto che l'ospedale dipendeva dall'amministrazione provinciale, venne deciso, secondo un'impeccabile logica amministrativa, che potevamo stare all'ultimo piano del palazzo della Provincia, una vecchia costruzione di stampo austroungarico, le finestre grandi, i soffitti alti. Gli uffici lì erano vuoti e avremmo potuto adattarli a nostra abitazione. E così fu. Numerose stanze, una in fila all'altra; tutte si affacciavano sul lungo corridoio ed erano collegate da porte interne. Le finestre grandi di legno dipinto di bianco, che rendevano l'ambiente luminosissimo, il parquet chiaro a terra. Dove prima stavano scrivanie e schedari, c'eravamo noi. E così un padre che rifiuta l'istituzione totale del manicomio, si ritrova a vivere con tutta la famiglia nell'istituzione spaziale del palazzo della Provincia.

Quando c'era bisogno di dipingere casa arrivava il signor Velio. Lui era un matto-pittore. Era stato legato per anni sempre allo stesso letto. Deve aver dipinto nella sua testa tutto il tempo, durante quelle ore infinite passate da prigioniero. Fatto sta che, una volta iniziata la distruzione del manicomio di Gorizia, le catene hanno cominciato a sciogliersi, le camicie di forza a sparire insieme ai letti di contenzione e Velio è riuscito ad afferrare il pennello per dipingere davvero. In quel suo ospedale che ogni giorno perdeva pezzi di disumanità, fiorivano quadri astratti su quadri astratti, come per tentare di recuperare il troppo tempo perduto. Un giorno pensiamo che sarebbe stato bello avere nelle nostre stanze delle pareti-lavagna colorate, per poi poterci disegnare sopra. Decidiamo per un muro blu e uno arancione e chiamiamo Velio. E lui arriva con il suo pennello. Un colpo di qua e uno di là, in una confusione da disegno astratto (secondo il suo gusto). In pochi minuti la parete si riempie sempre più di colore; quando anche l'ultimo spazio bianco sparisce, ecco pronta la nostra lavagna. Ma l'operazione spesso si inceppava perché Velio amava parlare e ci chiedeva tante cose cercandoci per casa, con il pennello carico di pittura che non alzava, né rimetteva nel secchio; sennonché il nostro pavimento di parquet a spina di pesce era percorso in su e in giù da scie arancioni e blu e noi, armati di stracci, cercavamo di rimediare a quelle tracce colorate di lumaca finalmente liberata.

L'ultimo piano della Provincia con il nostro arrivo era davvero molto, intensamente, trafficato. D'altra parte stavamo dentro a un fermento, a un ribollio che per noi bambini era la cosa più normale del mondo. La gente alla grande tavola mangiava e parlava per ore e ragionava, ragionava, ragionava. Come i cavalieri della tavola rotonda; solo che il nostro lungo fratino medievale (effettivamente perfetto, per un re Artù) era rettangolare. Nessuno stava zitto, tutti a ragionare di matti, in un clima di forte affetto. E io bambina in mezzo a loro, come in una grande famiglia. Nessuno sembrava volere mai andare via. Eppure avevano tutti sulle spalle lunghe ore di lavoro. Lavoro che li vedeva opporsi quotidianamente all'approccio tradizionale della psichiatria in nome di un modo nuovo di leggere la malattia mentale e la segregazione.

Un giorno capita che a tavola con noi ci sia, insieme ai grandi, anche qualche altro bambino. I discorsi si intrecciavano volando sui piatti di pastasciutta e sulle grandi insalate. A un certo punto una bambina più piccola di me si fa largo tra le parole dei grandi, e mi chiede: "Ma tu perché guardi con la testa storta?". L'intreccio di parole si congela e si arresta. I commensali grandi guardano lei e guardano me; quegli adulti non hanno saputo fare altro che restare muti, in un silenzio pieno di imbarazzo e affollato di pensieri politicamente corretti. Sono sicura che erano tutti lì a perdere tempo, intenti a prepararsi il discorso giusto, pronti a raccontare che non tutti i bambini nascono uguali e che questo non era certo un problema, anzi. La consapevolezza che dovevo cavarmela in prima persona e che nessuno in quel manipolo di intellettuali rivoluzionari sarebbe stato davvero capace di togliermi le castagne dal fuoco, mi ha fatto superare un certo sottile senso di fastidio che sentivo montare nello stomaco. Fastidio misto alla certezza che non avrei potuto sempre fare finta di essere come gli altri.

Per nostra fortuna i loro pensieri non hanno avuto modo di trasformarsi in parole, così la palla è restata solo in mano all'immediatezza delle piccole. "Perché guardo storto? Perché così ci vedo meglio." Battuta secca e senza quegli impaludamenti sotto cui gli adulti, se avessero parlato, l'avrebbero seppellita. Una risposta perfetta, positiva e soddisfacente per il pubblico, ma anche per la bambina curiosa, che dalla sua simile si aspettava solo una cosa semplice come le cinque parole ricevute. Respiro di sollievo generale misto alla riprova che esistono anche modi semplici per comunicare. E le chiacchiere hanno ripreso il loro vorticare sopra la tavola, come se nulla fosse successo.

Il dottore che cancellava i bambini era regolarmente alla tavola di re Artù ma, a differenza di tutti gli altri, che ci consideravano come parte della compagnia, io per questo personaggio ero come trasparente. Arrivava, si sedeva, mangiava, parlava, si attardava sulla porta non ancora stanco di tanto parlare, eppure a me non rivolgeva mai la parola, nemmeno per un ciao. Non capivo: come si possono ignorare i bambini e contemporaneamente parlare di diritti negati e di liberare i matti? Sarò anche stata trasparente, per lui. Ma di certo avevo un corpo e potevo contare su un mio preciso peso specifico. Era diventato quasi un appuntamento fisso: il dottore si soffermava alla porta e non si decideva mai al saluto del congedo. E allora io arrivavo e mi sbattevo contro di lui a peso morto – della serie, "Mi saluterà, prima o poi?". Fatica inutile, la soddisfazione di un saluto non mi è mai arrivata, ma neanche la sgridata dei genitori.

Alla fine la casa si svuotava e iniziava il ticchettio della macchina da scrivere della mamma. Nella penombra sentivo il fumo di sigaretta che fluttuava da una camera all'altra, insieme alle parole di Franco e Franca. Suoni e odori che arrivavano in camera mia, fino al mio letto. Le loro voci in compagnia delle truppe intellettuali evocate: Marcuse, Sartre, Conolly, Goffmann, Heidegger, Hegel, Marx, Gramsci. Arrivavano tutti puntuali a darmi la buonanotte. Era la mia ninna-nanna, che durava fino a tarda, tardissima ora. Davanti al letto la credenza del rigattiere che avevo trasformato in casa di bambole; al posto dei piatti e dei bicchieri stavano i mobili in miniatura che costruivo e che Velio dipingeva di verde. Sul comodino, il libro bianco e giallo di Pippi Calzelunghe (edizione Vallecchi, quella del '58): bambina lentigginosa, scomoda, rivoluzionaria e simpatica come poche altre. E con un rimedio eccezionale per non crescere, le pillole magiche Cunegunde: "Piccole e belle Cunegunde, non voglio mai diventare grunde," cantava. E io con lei. Appesa sopra il letto c'era Chiara, il mio portapigiama, con la faccia di pannolenci e il vestito di piquet rosa; nella penombra della stanza ascoltavamo tutte insieme parole e ticchettii. C'è quella teoria che dice che se di notte mentre dormi qualcuno ti legge delle cose, tu alla fine le impari, nel sonno, senza nemmeno rendertene conto. Credo che sia quello che è successo a me.

Quelle truppe di grandi intellettuali e pensatori che contribuivano al mio lento scivolare nel sonno erano ormai talmente di casa che con Enrico per anni avevamo un appuntamento fisso: precisamente con Sartre e Simone de Beauvoir, che per noi erano come due vecchi amici, con cui scherzare. Ci trasformavamo nella coppia-icona e ogni anno scrivevamo, per conto dei due mostri sacri, una lettera indirizzata a mamma e papà. Il giorno del loro anniversario di matrimonio, il due marzo, la lettera arrivava, puntuale come un treno svizzero. In busta chiusa con francobollo e indirizzo, come se avesse viaggiato dalla Francia fino a casa. Facevano gli auguri per la felice ricorrenza, si complimentavano per la tal pubblicazione, il tal articolo; ribadivano che "tutte le idee da loro espresse erano importanti e meritavano approfonditi ragionamenti". Ogni anno mamma e papà aprivano la loro preziosa lettera "da Parigi" e "trepidanti" la leggevano.

La mattina si faceva colazione tutti assieme, ma c'era la signora che la preparava, non la mamma. La mamma dormiva. Enrico una volta le dice: "La mamma di Carlo si alza presto alla mattina e gli prepara la colazione". Lei si mette a piangere e ci spiega che la mamma di Carlo non sta sveglia la notte a scrivere. E io penso al ticchettio notturno della mia ninna-nanna e a tutte le donne del mondo.

8.

La lana

Trovando un pertugio tra i vari Marcuse, Sartre, Conolly, Goffmann, Heidegger, Hegel, Marx, Gramsci, la mamma riusciva a fare anche un bel po' di golf a maglia. In una maniera tutta sua, che allora non veniva proprio utilizzata: le maniche lavorate insieme al resto, in un tutt'uno. E io aggiungevo alla collezione delle mie tante stranezze anche quella dei golf senza cuciture sulle spalle.

Ecco qui una bambina che sotto al grembiule arancione aveva il suo immancabile kilt arrivato dritto dalla Scotch House di Londra, con i calzettoni rossi che al massimo si alternavano a quelli blu e con ai piedi mocassini inglesi d'ordinanza (solamente durante il periodo estivo erano sostituiti dai sandali chiusi con cinturino e i due buchi davanti, come due occhi che mi guardavano dal basso). In testa, la fascia o il cerchietto di velluto rosso o blu. E i maglioni senza cuciture lavorati ai ferri dalla Franca. In genere, o rossi o blu. Raramente ne usciva uno verde.

In quegli anni si sferruzzava tanto, attività abituale, ma i pullover si facevano canonici, con le maniche a parte che venivano cucite alla fine, assieme agli altri pezzi: il davanti con il dietro e loro, le maniche, ad altezza spalla. La Franca invece, calando e crescendo, partiva dal dietro; ad altezza ascella si allargava per fare direttamente le maniche; poi sospendeva i punti al centro per dare posto al collo; continuava la manica e al momento giusto si restringeva nuovamente per affrontare il davanti, rimettendo sul ferro l'equivalente dei punti sospesi per il collo. Alla fine di tutto questo viaggio, si ritrovava con una bella croce greca di maglia con un buco (il collo) al centro, che rifiniva con dei ferri più piccoli, tenendo i punti morbidi. Bastava ripiegarla a metà e il maglione era pronto. La cucitura univa solo i due lembi della croce: i fianchi e la parte interna delle maniche.

Questa particolare fattura – invenzione non di poco conto per le tante sferruzzatrici dell'epoca – attirava immancabilmente l'attenzione di tutte le altre mamme con cui avevo a che fare. "Ma come fa la tua mamma?"; "Ma guarda, non c'è la cucitura tra manica e spalla... ma che stranezza. Ma come può essere?"; "Scusa un attimo, vieni qui un secondo... ma allora è un tutt'uno?" Io andavo a casa, mettiamo, della mia amica Rosa, quella un po' grassoccia sempre vestita con meravigliose scarpe di vernice, gonne falpalà e cerchietti in pannolenci con i fiori colorati che io adoravo, ma che non potevo avere, e la sua mamma – una replica esatta, solo in grande, di sua figlia – mi prendeva per il bavero, mi bloccava e iniziava ad analizzare il manufatto che avevo addosso. Io volevo andare con la Rosa di là e mi toccava stare in salotto con una madre decisa a carpire l'arcano di quel geniale azzardo ai ferri. Arcano che invece la zia Luisa aveva compreso alla perfezione e che ancora oggi continua a usare per confezionare golfetti senza cucitura ai suoi nipotini.

Ai golf si arrivava dai gomitoli. Ma ai gomitoli si arrivava partendo dalle matasse. Io avevo la responsabilità della matassa e la mamma aveva il compito di fare il gomitolo: braccia ben dritte in avanti per tenere tesa la lana tra polso e gomito; movimento leggermente ondulatorio per permettere al filo di scorrere veloce e arrotolarsi per bene e con ritmo in mano alla mamma, davanti a me; io da una parte e lei dall'altra della stanza. Un balletto minimale e perfetto, quindi anche molto noioso. Ma era il pas de deux tra me e lei. Un cordone ombelicale di lana merinos o angora, in genere o rossa o blu, raramente verde. Persa nel ritmo silenzioso che smagriva la mia matassa e ingrandiva il suo gomitolo, pensavo alle Cunegunde e mi dicevo che non avrei mai voluto diventare grunde. Beata Pippi e le sue pillole.

Ma ricordo anche quel lieve, crescente dolore muscolare sotto le ascelle e il desiderio che 'sto benedetto gomitolo arrivasse alla giusta misura il prima possibile. E che la faccenda finisse. Lo sapevo che bisognava avere pazienza, eppure questa noia amorosa montava. E cercavo di trovare una alternativa, una strategia valida per far riposare i muscoli senza che l'operazione si interrompesse. I braccioli di una poltrona? Oppure lo schienale? C'era una sedia con due pomelli che sembravano perfetti, cercavamo di provarci. Ma la lana si inceppava, la matassa crollava miseramente e rischiava di annodarsi. Niente valeva quel nostro passo a due: e allora mi arrendevo e ricominciava il nostro balletto, io e lei.

9.

La rivolta dello chemisier

Con i golf della Franca, il mio era uno stile che a casa veniva considerato giusto. Eppure io continuavo a impazzire davanti alla Rosa, davanti ai suoi vestiti a fiori, alle sue scarpe e ai suoi cerchietti che alternava allo chignon arricchito da un filo di pannolenci che la sua mamma le arrotolava dentro ai capelli. Una meraviglia. Perché io no? A me di pannolenci era stato concesso un unico fermaglio. Ma potevo metterlo solo quando ero a casa, non certo per uscire. Decido dunque di partire alla carica. Insisto, insisto e piango. E la mamma capitola. Mi dà i soldi e il permesso di andare alla Standa a comprarmi il vestito che voglio, finalmente senza restrizioni, libera di ignorare i rossi e i blu. Ed eccomi di ritorno, felice e fiera, con uno chemisier mezze maniche a fiori bianchi, fondo rosa, con i bottoni di plastica trasparenti. Il bordo della gonna, leggermente godet, aveva un improbabile disegno di macchinine una in fila all'altra. Niente di più lontano dai tartan dei kilt della vecchia Scozia. Che gioia andarci a scuola. Eravamo in giugno e mi pareva il vestito perfetto per finire l'anno.

Il sole si sentiva a suo agio, su nell'appartamento della Provincia, e in una certa ora del giorno si appoggiava sulla libreria bianca che fasciava tutte le pareti dello studio fino a soffermarsi sullo scaffale più profondo, quello che stava giusto sotto alla finestra, e che ospitava un telefono e l'Olivetti Lettera 22 della Franca. Era lì che lei scriveva. Con il sole entravano anche il cielo e il verde estivo delle foglie degli alberi davanti al palazzo. All'ora di pranzo da giù arrivava anche l'eco delle risate mie e della mia compagna Adriana. Tornavamo da scuola felici e infiocchettate nei nostri chemisier, io infiorata, lei a pois. La mamma allora capiva che era ora di mangiare e lasciava la sua postazione. "Ma cosa avete sempre da ridere voi due?" mi chiedeva appena entravo in casa. Non mi ci mettevo neanche a spiegarglielo. L'allegria e le risate dei bambini, quelle che ti fanno venire le lacrime agli occhi, il mal di pancia e la pipì, non sono proprio comprensibili a chi bambino non è più.

10.

Lettera 22

Un giorno capita che sulla libreria-scrivania della mamma, la sua Olivetti carta da zucchero abbia un foglio scritto quasi per intero che spunta fuori dal rullo gommoso, essenziale appoggio per l'arrivo sulla carta dei martelletti mossi dalle dita sulla tastiera. Il carrello è a fine corsa, sul limite ultimo del margine destro del foglio. Indizio che mi segnala la fine della riga e chissà, forse anche del paragrafo. Sono lì a guardare fuori dalla finestra e mi siedo alla postazione della mamma. A destra noto una risma di carta formato A4 già fittamente occupata da paragrafi rigonfi di cancellature e di note a penna, tra una riga e l'altra. Mi dico che forse può valere la pena dare un'occhiata a uno dei risultati su carta di tutto quel pestare di tasti che aveva tanta parte nella nostra colonna sonora familiare. Inforco la lente di ingrandimento che mi accompagna sempre. Era diventata da un po' la mia indispensabile alleata nella lettura. Becco un foglio che sta in solitudine a sinistra della macchina da scrivere. Inizio la mia lettura sghemba:

"In Italia c'è gente che non ha accettato il fatto che in un ospedale di cura si potessero distruggere, annientare e mortificare i malati, fingendo di curarli. E ha cominciato a lavorare, ma soprattutto a lavorare diversamente, cercando, per prima cosa, di eliminare ogni traccia di violenza: contenzioni, camicie di forza, reti, grate, sbarre, cancelli, chiavi, tutto ciò che chiudeva, imprigionava, segregava, fu gradualmente eliminato.

"Incominciò agli inizi degli anni Sessanta in una piccola città di provincia: Gorizia, in un manicomio di 650 malati. L'ospedale costruito nei primi anni del '900, aveva padiglioni sparsi in un parco grande, pieno di alberi e fiori. Ma ai malati servivano poco perché quando li portavano in giardino, li legavano a un tronco d'albero o a una panchina.

"Il gruppo dei medici che incominciò il lavoro, si trovò di fronte al problema di ridare dignità al malato, qualunque fosse la sua malattia, attraverso la graduale conquista della libertà di cui era stato privato, ma anche della responsabilità perduta al momento dell'internamento; e, insieme; attraverso la ricostruzione di una vita ospedaliera che fosse accettabile o perlomeno sopportabile. Ma si trovò di fronte anche al problema di ridare dignità alla propria professione e a quella dell'infermiere che, limitatesi fino ad allora alla custodia del malato, avevano un'altra responsabilità, la cura. I reparti, gradualmente aperti, furono arredati utilizzando in parte quello che già c'era, ma tentando di creare un ambiente gradevole e familiare".

Riconosco nella storia appena letta tutto il lavorio, tutto il fermento che mi stava attorno. Riconosco i medici entusiasti dell'impresa, quelli che venivano a tavola con noi. Osservo l'Olivetti e sollevo il foglio scritto fitto che spunta dal rullo, lo sollevo senza farlo uscire dagli ingranaggi della macchina e leggo:

"...un rispetto, prima inesistente, per il malato. Se vedeva che ci si occupava di lui, che era considerato degno di attenzione e di cura, avrebbe cominciato ad avere maggior rispetto di se stesso, una maggiore fiducia in sé e negli altri. Questo era già un atto terapeutico.

"Per tanto tempo il buon andamento dell'ospedale era

stata l'unica finalità, raggiunta a scapito della vita individuale del degente: ora il soggetto per cui esisteva l'ospedale era diventato il malato ai cui bisogni tutto doveva piegarsi. C'era stato dunque un rovesciamento della situazione. Infermieri e medici imparavano a mettere in pratica ciò che si insegna a parole, ma che non viene mai attuato né richiesto: che l'ospedale è al servizio dei malati e non viceversa, come sempre accade. E insieme ai malati, si cercava la via per affrontare i problemi della comunità, discutendo e tentando di risolverli. Erano problemi minuti: il cibo che non era buono e che bisognava migliorare, i gabinetti e le docce che mancavano, una gita da organizzare, una festa da programmare, l'organizzazione del lavoro. E problemi di convivenza: il malato aggressivo che non rispettava gli altri e le regole della comunità, l'alcolista che faceva il prepotente, lo psicopatico che tradiva le aspettative del gruppo. Le assemblee nei reparti erano il luogo in cui si discuteva: voci che nessuno aveva mai ascoltato trovavano un'udienza. Chi da anni non parlava, incominciava a riprendere fiducia in sé, negli altri. E ricominciava una speranza ormai perduta di vita diversa, a casa, in famiglia, nel mondo".

Eccolo qui il ribaltone in corso nelle mura dell'ospedale di papà. La mamma con queste sue righe me lo mostrava attraverso le sue parole. Abbandono la carta che, libera, si appoggia nuovamente al rullo. L'altra mano sta sulla risma di fogli a fianco; la sollevo perché a questo punto sono curiosa di leggere cosa la Franca aveva scritto prima delle righe che avevo appena letto. Prendo la pagina in cima al mucchio:

"Chiunque di noi, che si considera sano, non impazzirebbe se fosse all'improvviso caricato a forza su un'ambulanza, imprigionato in una camicia di forza, chiuso in una cella di isolamento o buttato in un camerone dove un centinaio di persone parlano da sole, gridano, piangono, camminando su e giù tutto il giorno? Come pensare che tutto questo sia 'terapeutico' per il malato? E come non capire che il comportamento aggressivo e violento, può essere una forma di difesa, l'unica forma di sopravvivenza che gli resta di fronte all'invasione totale di sé, del suo corpo, della sua persona, attuata dal manicomio?". Mi fermo qui e mi basta; per capire che si parla di com'era l'ospedale quando siamo arrivati a Gorizia. Mi viene un brivido pensando a quello che deve avere passato il signor Velio e butto uno sguardo alle sue due pareti-lavagna, quelle arancione e blu che aveva dipinto per noi: sprizzano libertà da tutti i pori.

"Mamma, ma cos'è che stai scrivendo?"

"Ma non so, credo potrebbe diventare un libro per ragazzi perché anche loro possano capire cosa abbiamo vissuto e stiamo vivendo qui."

Giusto. E infatti anni dopo, nel 1982, il libro sarebbe uscito col titolo *Manicomio, perché?* Non mi stupiva la sua voglia di parlare ai giovani. Ogni tanto le piaceva abbandonare Heidegger, Sartre, mio papà e gli altri per scrivere pensando ai ragazzi, tanto che in quegli anni erano uscite sul *Corriere dei Piccoli* le sue riduzioni di *Piccole donne* e dell'*Odissea*.

11.

Le fiabe

Eccoci in vacanza. Tutti andavano in montagna in agosto. Questa era la regola generale. E invece noi no. Noi ci andavamo in luglio. Salutando Venezia, il mare e la zia Angela che arrivava dalla nonna Cecilia solo con la bella stagione. Zia Angela viveva al Sud e la incontravo poco. Un peccato perché era un piacere solo osservarla: era bella; bella ed elegante come io avrei voluto essere. Bionda, con gli occhi verdi e i sandali Capri che mi piacevano tanto. Ma riuscivo solo a salutarla. A fine giugno si preparavano le valigie e si doveva andare a San Martino di Castrozza. Peccato che in luglio lì piovesse sempre, che la zia Angela non ci accompagnasse e che di bambini ce ne fossero davvero pochi, una vera rarità. Per forza: il mese era quello sbagliato, sarebbero tutti arrivati alla nostra partenza. E allora ci restava il rumore martellante delle gocce grosse come semi di anguria che sbattevano sul tetto di lamiera, insieme alle influenze e ai raffreddori che ne seguivano; con il papà che arrivava nel weekend portandosi dietro lo stesso traffico vociante che riempiva casa a Gorizia; con le lunghe giocate a *Non ti arrabbiare*; con le cugine Microbe Marta e Silvia, troppo piccole per giocare ma brave a raccogliere rododendri; con la mamma che ci raccontava le sue storie. Quelle che aveva cominciato a scrivere. Storie belle e molto paurose.

Era un momento magico, assistere all'invenzione di una fiaba. La Franca raccontava le sue storie, ci parlava dei personaggi che le abitavano e noi eravamo lì ad ascoltare. Occhi spalancati. "Mi dite se questa storia piace ai bambini?"

Ma io non mi sentivo di giudicare, mi veniva piuttosto da chiedere come continuava: "E dopo? E dopo?". Potevo anche pretendere di conoscere i capitoli ancora inesistenti. Raccontava di Olivia la bambina che scappava sola, camminava e camminava su una lunga diga in mezzo al mare. Poi passava a dirci di quel bambino a cui succedeva la stessa cosa che capitava a Enrico: in caso di febbre le orecchie gli diventavano rosse e calde come brace. Solo che la mamma di questo bambino ne approfittava e ci cucinava sopra le uova fritte. Al momento la cosa mi faceva ridere, ma non potevo fare a meno di provare inquietudine e disagio: come ci si doveva sentire a farsi friggere delle uova sopra le orecchie? Se poi l'uovo così viscido scivolava fuori? E cosa dire dell'olio caldo? L'inquietudine restava. Lei se ne accorse. E fu così che le fiabe di paura della Franca non vennero mai pubblicate.

12.

Putney

Le estati erano lunghe. A scuola si tornava il primo ottobre. E il tempo per andare altrove, oltre la montagna, c'era. Ed è capitata l'Inghilterra, per la precisione Putney, il sobborgo londinese a sud-ovest di Charing Cross. Eravamo ospiti della famiglia di una delle tredici tate, Catherine. Un giorno di pioggia, mi osservo riflessa nel vetro del bovindo di cucina: spalle dritte e testa storta.

"Ma chi è quella là?"

Quando non ti accorgi che ti stai guardando, c'è un attimo in cui riesci a vederti proprio come gli altri ti vedono.

"Orca, qui mi devo dare una raddrizzata."

Decido allora di provarci: con una mano stampata su un orecchio e una sull'altro, inizio a raddrizzare lo sghimbescio. In un complicato equilibrismo di spinte e pressioni che dovevano raddrizzarmi sì, ma pur sempre nel rispetto dei buchi che avevo nel fondo degli occhi. Piccole spinte e caute pressioni che sfidavano la realtà pur mantenendo l'inclinazione che mi serviva. Quella necessaria per consentirmi di continuare a vedere a modo mio. Da quel momento in poi queste acrobazie al millimetro diventeranno il mio esercizio solitario e segreto.

Da casa di Catherine, per planare sulla Londra degli anni sessanta, bastava prendere il bus, il double-deck rosso. Io avevo appena otto anni, ma la rivoluzione di Mary Quant, di Carnaby Street e dei Beatles, unita alla solida britannica grandezza del British Museum e del Planetarium, erano comunque per me un vento pieno di magnifiche, fantasmagoriche, solenni novità. *She loves you* era un 45 giri col buco piccolo, quello dei nostri 33, ed era una delle novità targate Beatles che mi riportai come un trofeo a Gorizia. Con un'unica pecca: non poterlo infilare nel mangiadischi per via del buco piccolo. Toccava quindi ascoltarlo solo a casa, sul giradischi grande. Comunque sia, io lo avevo prima di tutti. In questo caso nessun disagio per l'unicità, solo una gran bella soddisfazione.

Andavamo spesso al British Museum. Ho perfettamente stampati in testa i vasti pavimenti, fatti di quel loro legno antico e solido, calpestato da generazioni di visitatori. Vedo i miei piedi che ci corrono su e giù e vedo la mia ombra che corre con me. Scopro in quel momento che lei poteva essere la preziosa e discreta complice che mi avrebbe aiutato a controllare la posizione della testa. Io e lei non ci saremmo mai più perse di vista; ogni volta che potevo le avrei chiesto di rassicurarmi: "È forse ancora troppo storta? Gli esercizi delle mani stampate sulle orecchie, servono a qualcosa?". Insieme diamo la mano a Enrico e corriamo tra le bacheche, guardando i piedi che ci uniscono e annusando l'odore buono e un po' stantio di cose vecchie e di imperi ormai perduti.

Il Planetarium era una specie di fissa, un tormentone senza fine; in un mese ci sarò andata almeno quindici volte, che sarebbe come dire un giorno sì e un giorno no. E non è bastato per stufarmi, tanto che da quel momento in poi nei miei viaggi non è mai mancata la visita al planetario di turno. Stavo lì come al cinema a godermi albe e tramonti che si stagliavano sullo skyline della Swinging London ricostruito nella grande sala circolare. Quando calava la finta notte, era come stare dentro al *Piccolo principe*: abbandonavi con lo sguardo la città e andavi in alto, perdendoti tra pianeti e costellazioni.

13.

La musica delle finestre aperte

Estate finita. Ritorno a Gorizia. C'era sempre tanta musica in quella processione di stanze-ex uffici. Mozart, Bach, Scarlatti, "musica dalle finestre aperte", dicevano Franca e Franco, musica per tutti, insomma, per tutte le orecchie disposte ad ascoltarla. Ma a volte si passava anche ad altro genere. C'erano momenti in cui la musica classica veniva accantonata. Soprattutto durante le campagne elettorali. La sede dell'Msi era proprio davanti a casa. In clima di elezioni era un tripudio di canzoni fasciste e noi allora piazzavamo le casse dello stereo sul balcone e mandavamo a tutto volume *Bella Ciao*, *Sor parùn dalli belli braghi bianchi* e *Sebben che siamo donne.* A quel punto la lotta era tutta tecnica; vinceva chi riusciva ad avere il volume più alto.

La televisione, "oppio dei popoli", banale e feroce come l'avrebbe definita qualche anno dopo anche Pasolini, in casa era vietata. Così ero quella che rischiava di non conoscere per niente le ultime canzoni appena uscite e che non si poteva addormentare "dopo Carosello", come tutti gli altri bambini dell'epoca. Noi, se si stava alzati più del dovuto, era solo per disegnare sui grandi fogli di carta da pacchi con dei colori che si chiamavano Presto Paints. Merce rara, arrivava per noi alla cartoleria Pelikan del signor Beno, che io – per metonimia – ero convinta facesse di cognome Pelikan. Erano come pennarelli ma di un genere mai visto prima, tubetti variopinti da schiacciare per farne uscire l'impasto colorato. Gli altri avevano l'ora del Carosello e io ed Enrico l'ora dei Presto Paints. Mentre lui si dedicava, con i colori dell'autunno, a guerrieri imponenti e armati di scudi e lance, io affinavo la mia tecnica di provetta disegnatrice di nuvole. Le famose nuvole di Picasso. Partivo con il turchese che nessun'altra marca aveva così bello e morbido, e coloravo lo sfondo a zig-zag, in modo che diverse zone venissero ignorate dall'azzurro ed escluse dal colore. Era la casualità del mio gesto sul foglio a tralasciare gli spazi e a lasciarli vuoti; non decidevo io. Alla fine a bucare il turchese erano zone bianche dalla forma precisa ma disegnata dalla sorte: eccole le future nuvole. Solo dopo aver perfezionato la compattezza del cielo, mi dedicavo a loro: orbite cave da ridefinire e riempire di vapori bianchi. Col tratto di un altro Presto Paints ne contornavo il limite per sottolinearne le forme, giusto al confine con il pieno del cielo. Così, mano a mano, le mie nuvole si svelavano, il disegno era completato e un altro cielo si aggiungeva alla collezione. A quel punto non era ammesso altro ritardo sulla tabella di marcia e si doveva andare dritti a letto. Abbandonavamo i nostri disegni, io i miei cieli ed Enrico i suoi guerrieri. Tutto sommato il Carosello non mi mancava poi molto. Le nuvole di Picasso erano diventate degne sostitute delle avventure di Caballero e Carmencita alle prese con il caffè Paulista. Eppure non riuscivo a non sentirmi rabbiosa per non poter vedere Pallina con la sua coda bionda ballare e lucidare i pavimenti con la cera Solex o per non poter sognare sulla vita sempre rosa con la brava Mariarosa e sul gigante buono che a detta delle mie compagne pensava sempre lui a tutto.

Per fortuna, quando potevo me ne scappavo giù dalla mia amica Fulvia, la figlia del portinaio, che aveva la televisione sempre accesa e potevo rifarmi un po'. E poi con la bella stagione le finestre restavano aperte e il Carosello, anche se non lo potevo vedere, almeno lo potevo sentire dalle case degli altri. I miei un giorno, facendo colazione, mi hanno chiesto a che ora ero andata a letto e io ho detto "Dopo Carosello" come fosse la cosa più normale del mondo. "Ma come? Se non abbiamo la televisione?" E allora ho spiegato la mia strategia.

Ma non bastava; per nutrire la mia cultura assetata di pop andavo anche alla Standa. Con l'Adriana e la Marisa giravo tra gli scaffali e ascoltavo il sottofondo sonoro, le canzoni "da Standa", appunto: *Twist and shout*, *Nessuno mi può giudicare*, *E la pioggia che va*, *Ventinove settembre*. Poi, finalmente, con i punti della Mira Lanza sono arrivati il mangiadischi portatile marrone e una radiolina. La musica da allora mi avrebbe seguita e non sarebbe più stato il contrario. I viaggi in macchina verso Venezia da quel momento in poi avevano una doppia colonna sonora, i genitori davanti a parlare di psichiatria e noi dietro con Caterina Caselli. E da quel momento in poi mi appiopparono anche il nomignolo di Cretina a Transistor, ma ne valeva la pena: la radio e il mangiadischi mi accompagnavano con le loro note anche una volta scesi dall'auto. A piedi, nelle calli di Venezia. Nella rivoluzione normale di casa nostra si era così costruito uno spazio accogliente per molti generi diversi. Per Patty Pravo, per Mozart, per le canzoni partigiane, per i canti dei minatori del Sulcis. Lucio Battisti invece era escluso dalla nostra familiare hit parade: era troppo alto il rischio di aprire l'inevitabile infinito dibattito su un quesito ai tempi fondamentale: "Ma Battisti è di destra o compagno?".

La Cretina a Transistor non si accontentava di ascoltare musica, la voleva anche suonare. Il Conservatorio di Gorizia era in un edificio austroungarico per me carico di fascino: sobrio, severo, antico. Con un che di conventuale, malgrado gli stucchi, definiti "vigorosi" dagli opuscoli turistici. Le sue stanze, un certo giorno del 1797, avevano ospitato perfino Napoleone. Da corso Verdi, appena girato l'angolo con via Oberdan, scivolavo dentro al grande portone ad arco, attraversavo il cortile interno su cui si affacciavano quelle che potevano anche essere state la rimessa per le carrozze e la scuderia, e salivo al primo piano. Mi accoglieva il lungo corridoio, con la sua teoria di porte, dietro ognuna delle quali si svolgeva una lezione diversa. Uno strumento per classe. La lezione di pianoforte mi attendeva alla fine del corridoio, nell'ultima stanza. Quella passeggiata era come un tuffo in un sorprendente tunnel di note. Note che uscivano dai vari strumenti, si scontravano con il legno della porta e quindi si infilavano tra i pertugi e gli stipiti, magari anche approfittando del buco della serratura. Una volta in corridoio, si univano fra loro, creando un magnifico pasticcio sonoro. E io mi ritrovavo a passarci in mezzo. Il risultato era senz'altro disarmonico: un'orchestra come impazzita impegnata in un concerto lasciato al caso. Le mie orecchie ne erano all'inizio infastidite, ma poi, man mano che la passeggiata continuava e che io procedevo verso la mia aula, la disarmonia si trasformava in armonia, col risultato che quando arrivavo a destinazione abbassavo la maniglia della mia porta e mi sentivo immersa in un melodioso brodo di giuggiole. Ogni volta era un'emozione. La stessa emozione che ho sempre ritrovato a Venezia passando in primavera per calle della Fenice o sotto il Conservatorio in campo San Vidal, quando dalle finestre aperte arrivano le stesse note stridenti degli strumenti in prova.

Nell'unica stanza particolarmente ampia ci si esercitava, noi tutti bambini insieme, nell'arte del solfeggio. Eravamo complici nella faticosa impresa. E l'aria risuonava di impegno nell'esercizio; una fatica comune che produceva cantilene all'unisono, scandite matematicamente nei quarti delle note.

Ho retto bene per circa un anno: la semplicità delle prime lezioni e dei primi esercizi mi permetteva di farcela. Ma poi le cose si sono complicate, le note sullo spartito si sono fatte via via sempre più fitte e i miei occhi non riuscivano più a seguirle. Stava diventando un supplizio, ma non volevo mollare. Ho tenuto duro ancora per qualche mese, poi ho capito: il Coloboma era lì a porre dei limiti precisi e inderogabili, tassativi; limiti che non avrei potuto valicare e con cui avrei sempre dovuto fare i conti. Al secondo anno ho mollato. Ho continuato allora con entusiasmo ad ascoltare musica a casa e per strada, musica dalle finestre aperte e musica pop. Senza stancarmene mai. E ho appeso lo spartito per dedicarmi con rinnovata energia al pallone da basket.

14.

Sessantotto

“Undici e un quarto avanti a architettura,
non c’era ancor ragion d’aver paura
ed eravamo veramente in tanti,
e i poliziotti in faccia agli studenti.
‘No alla scuola dei padroni!
Via il governo, dimissioni!’ ”

Ecco Valle Giulia, dove il cantautore Paolo Pietrangeli raccontava del primo scontro tra studenti e polizia a Roma, l’uno di marzo. Un mese dopo sul “Giorno” un giovane Giorgio Bocca fa parlare gli studenti a Torino che gli dicono: “Vorremmo un’università che ci preparasse a resistere alle umiliazioni del sistema”. E intanto la voce roca di Pietrangeli cantava “non c’è più morale contessa”. Erano arrivati i giovani con le lotte studentesche; con le occupazioni nelle facoltà di tutta Italia, con la scoperta degli operai e dei matti (chissà cosa pensava quella contessa dei matti brutti e sporchi che incominciavano a uscire per strada...). Da Trento si ipotizzava la “lunga marcia attraverso e contro le istituzioni”; in quei mesi l’università, per dirla con gli storici, era diventata una “fucina di saperi alternativi”. Sui muri appena fuori dalle aule comparivano scritte nuove. Tra le tante, anche un bel “Voglio essere orfano”. I genitori erano diventati istituzioni da abbattere alla luce del sole. Ma papà, mio malgrado, per quegli studenti non era da buttare, anzi. Era considerato uno di loro, perché lui dal '61 stava a Gorizia a riorganizzare i seicento matti dell'ospedale psichiatrico, a smantellare la sua istituzione, mattone dopo mattone.

Nel 1967 pubblica *Che cos'è la psichiatria?*, il primo libro dove parla di Gorizia. Passano pochi mesi e nelle librerie arriva anche *L'istituzione negata*; e fa il botto. Un successo, un bestseller travolgente, otto edizioni, sessantamila copie vendute. Si becca anche un premio a Viareggio per la saggistica, e viene tradotto perfino in finlandese. È così, con la grancassa, che Gorizia esce dal confino in cui fino a quel momento era stata relegata. Da uno degli angoli estremi d'Italia, plana incontrollata tra il grande pubblico. E succede proprio in quell'anno tachicardico, appena dopo i primi scontri romani di Valle Giulia. Non era facile ritrovarsi per le mani un papà diventato improvvisamente una rockstar. Era come essere al di là dello specchio: i padri dell'epoca dovevano essere da contestare, i professori anche. Lui però, per gli altri, no. Contestarlo sarebbe diventato un lusso solo nostro, molto privato.

Lo invitavano nelle università occupate per discutere del libro. E ci portava con sé; il suo lavoro era la sua vita e noi la frequentavamo con normalità anche in questi frangenti, proprio come era sempre stato. Era quindi perfettamente logico che io, unica studentessa delle medie, entrassi con lui in una grande aula dell'università di Padova brulicante di universitari occupanti. Folla oceanica. Io sono vicina al palco. Sono spaesata, ma mi sento protetta dalla presenza del papà e quindi voglio essergli il più vicino possibile. Sto lì, con il mio punto di riferimento e di sicurezza giusto davanti e mi sento tranquilla. Ma improvvisamente mi arriva di fianco una ragazza: bella, grande, con una folta chioma nera. Mi squadra e mi fa: "Ehi bambina, cavati da qui. Cosa credi, sono uscita senza asciugarmi i capelli per arrivare presto e vedere Basaglia da vicino".

Detto fatto. Mi ritrovo catapultata nelle retrovie e il mio punto di sicurezza va a farsi friggere. Segue un innegabile senso di paura e di disorientamento, ma resto comunque felice di esserci. A respirare la stessa aria di quell'agglomerato di giovani in eskimo e clarks che, invece del grigio soffitto dell'aula magna, sembra avere sopra la testa un cielo senza nuvole e un bel sol dell'avvenire che splende speranzoso.

15.

West End

L'angolo cottura era ficcato dentro a un armadio (un incastro mai visto prima, da noi non si usava), il soggiorno aveva due letti, uno per me e uno per Enrico. Di là c'era la camera di Franca e Franco, vicino c'era il bagno. Eccoci qua; dalla casa austroungarica di Gorizia, con le sue mille finestre, al miniappartamento dell'Esplanade, in piena Manhattan: West End Avenue all'altezza della settantaquattresima. Una parentesi americana doverosa e obbligata per tutta la famiglia, visto che il papà era stato nominato Visiting Professor al Maimonides Hospital. Sul mappamondo di nonna Cecilia le due città si guardavano: Gorizia un po' più in su, New York un po' più giù; in mezzo, l'Oceano Atlantico. Un salto bello lungo. Lo facciamo. Ed eccoci dall'altra parte del mondo.

Al mattino uscivo dal grande edificio in mattoni rossi, incrociavo i ricchi signori in kippah che lì erano di casa, giravo a sinistra, imboccavo la settantacinquesima, raggiungevo Riverside Drive che si srotolava lungo l'Hudson tra gli alberi e i prati del parco lungo il fiume. Strada facendo, mi imbattevo in quello che per me era un grande mistero americano: una quantità di individui, di ogni sesso, età e colore, che in tuta e scarpe da ginnastica correva. Correvano con qualsiasi tempo: tirasse vento, piovesse a secchiate, perfino con la neve di quei giorni. Io invece camminavo e basta. E mi guardavo intorno. In cinque minuti sarei arrivata alla scuola. Sarebbe stata la mia solo per un trimestre, così da non perdere l'anno italiano.

Non è che mi piacesse molto l'idea di entrare in quella classe. Mi mancava anche un po' la Rosa, con i suoi cerchietti in pannolenci e le scarpe di vernice. Avevo nostalgia del mio grembiule arancione; soprattutto davanti al fatto che lì erano tutti in divisa. Golf grigio e gonna grigia per noi ragazze; ma io no, perché ero in transito e non valeva la pena. Io ero sempre e comunque col mio kilt e il maglione fatto in casa. In più ci vedevo poco ed ero anche italiana. Tanto per cambiare mi sentivo strana. Una tripla estraneità difficile da digerire, soprattutto in terza media.

Una volta in classe, già lo sapevo, avrei trovato la buon'anima di turno che con pragmatismo tutto americano mi avrebbe detto: "Ma se non vedi, perché non metti gli occhiali?". Lo avrei verificato anche in seguito, visto che mi sarei sciroppata tante altre volte questa stessa scena; con diversi interlocutori e in altri momenti di vita: la voce sempre con un tono impercettibilmente irritato, tipico di chi non sa rassegnarsi al fatto che, volente o nolente, io non rientrassi in una norma riconoscibile: ero quella che vedeva, ma senza occhiali e senza vedere. Un controsenso. La sottile aggressività che ho sempre sentito nell'aria mentre mi si propinavano questi rimbrotti mascherati da un sentimento di empatia, era quella di chi non è disposto a capire come può succedere una cosa simile. Come può una ragazzina (o donna, a seconda dei momenti) arrangiarsi a prescindere e trovare un modo suo, personale, per convivere con un accidente del genere. Ho sempre colto un certo disagio di fronte al mio limite. Eppure la diversità basta accettarla. Anche quando è talmente tangibile che non si può far finta che non esista, come nel caso dei matti. Basta solo riconoscere il diverso da te e non farti fagocitare dall'ansia che costringe a incasellare tutti e tutto in regole e categorie precise che pretendono di dare un ordine tranquillizzante al mondo. Visto i genitori che mi erano capitati, questa faccenda dell'accettazione del limite era cresciuta con me. Mi sembrava l'uovo di Colombo, ma mi dovevo rassegnare: in generale, non sarebbe stata comprensibile a molti. Né a New York, né altrove. Ne avrei preso atto in prima persona.

Comunque, eccomi. Tra un pensiero e l'altro la mia breve passeggiata mattutina lungo l'Hudson finiva e io mi ritrovavo a salire i gradini d'entrata della Riverside School. Varcavo il suo bel portone con colonne ai lati e le lezioni cominciavano. Dopo i libri, lo sport. Qualsiasi tempo facesse, ogni pomeriggio, a fine giornata, venivamo sbattuti fuori, se necessario imbacuccati con guanti, sciarpe, cappelli d'ordinanza, e messi a fare ginnastica nel parco. In quei momenti desideravo la piccola palestra italiana un po' scalcagnata, dove si andava a far capriole giusto quell'ora alla settimana.

Un certo giorno la mamma arriva a prendermi e le viene un colpo dalla paura. Cordoni di polizia davanti a scuola. Era vietato passare. Sembrava di essere in certi film all'americana. Niente di grave, comunque. In effetti si stava solo girando un film, *John and Mary*. I due erano lì a camminare davanti alla cinepresa, lungo Riverside, tra gli alberi, il prato e l'Hudson che scorreva imperturbabile. E noi a guardarli dalle finestre, sollevati dal fatto che quel circo inaspettato ci avesse di diritto esonerato dalla solita ora di ginnastica all'aperto. Dustin Hoffman e Mia Farrow, ovvero John e Mary, procedevano lenti parlando fitto, il parco era solo per loro, per le comparse e per la troupe. Anni dopo li avrei rivisti quei due, perfetti, inquieti e complicati giovani anni sessanta. Li ho per caso ripescati a tarda ora in una tivù privata e mi sono assaporata la loro giornata in quella New York che per breve tempo era stata anche la mia. Si conoscono in un bar parlando di *Week-end*, un film di Jean-Luc Godard uscito poco prima, nel 1967. La cinepresa di Peter Yates li segue dalla mattina alla sera. La tappa di Riverside Park era dunque solo una delle tante in giro per Manhattan. Eppure da noi erano arrivati all'ora giusta per evitarci le flessioni quotidiane. Magica New York.

Il signor Calzelunghe, il papà di Pippi, non è che te lo ricordi subito. Nel libro non è una presenza fissa, compare di quando in quando. Però a pensarci bene, ti torna in mente: capitano di mare, sempre in viaggio a solcare le onde e a scoprire mondi misteriosi e lontani. Così capace di avventure da farsi incoronare perfino re: re Efraim Primo imperatore dei Cip-cipoidi, in un'isola dei remoti mari del Sud. Decisamente affascinante, un uomo fatto e finito il quale, scegliendo l'avventura, ci dimostra che si può crescere senza compromettersi troppo con l'età adulta.

La notte gelida in cui mio zio Alberto, inatteso, suonò alla porta del nostro appartamento temporaneo all'Esplanade, mi sono sentita come Pippi nella sua Villa Villacolle, quando tornava re Efraim, col suo carico di avventure da raccontare e di tesori da mostrare, e lei gli saltava al collo beata. Alberto comparve quella sera vestito di bianco, con addosso ancora l'odore dell'estate da cui veniva, nemmeno un golf a ripararlo dal freddo pungente. Era accompagnato da un bongo gigante, il suo regalo per noi. Arrivava fresco fresco da uno dei suoi tanti viaggi reportage che all'epoca erano il suo mestiere. È possibile fosse appena stato anche lui in una remota isola dei mari del Sud. O forse era Africa? O America Latina? Non so. I suoi racconti erano tanti e mi si intrecciano nella memoria. Restano intatte la sensazione di attesa per quelle sue storie e la meraviglia nell'ascoltarle. Poi io ero Alberta grazie a lui, fratello della mamma. Questo mio bel nome declinato al femminile, ma maschile per antonomasia, che in molti storpiavano in Roberta, mi inorgogliva. E se non bastasse, per onor di cronaca, era lui lo zio delle "foglie gocciolanti": quell'avventura, a pensarci bene un po' folle, con me per una volta protagonista, di cui era stato l'unico testimone.

16.

Le foglie gocciolanti

Immaginate l'attesa in spiaggia, riparati in capanna (invenzione solo veneziana, niente a che vedere con i capannini e gli ombrelloni degli stabilimenti balneari in giro per il resto d'Italia). Quelle stesse capanne che si vedono in *Morte a Venezia* di Visconti: casette di legno bianche e azzurre appoggiate in fila, una in fianco all'altra sulla spiaggia di sabbia del Lido; in dotazione, un lettino e due sdraio ciascuna. Noi due, lì a osservare il mare piatto tamburellato dalle gocce di pioggia estiva. Io, un anno da poco compiuto, in braccio ad Alberto e zitta, sarebbe meglio dire muta, come al solito. Testarda, non avevo mai dato nessuna soddisfazione sonora, neanche "mamma" avevo mai detto.

Il temporale piano si allontana. È bene approfittarne per tornare a casa a Venezia. Imbocchiamo il grande viale che dal mare porta verso la laguna. Tra l'umidità calda e gonfia di pioggia appena caduta, i grandi platani lungo il viale sono zuppi. La storia ufficiale è questa: io chiusa nel mio solito silenzio mi raddrizzo sulle braccia di Alberto, lo guardo e improvvisamente gli dico: "Quante foglie gocciolanti". Stupore e meraviglia dello zio per quello che sembrava un magnifico esordio di una bambina finalmente decisa a spiccare il volo nel mondo dei parlatori. Ma non fu così. Nessuno, per un anno ancora, mi avrebbe più sentito proferire parola. In compenso lo zio Alberto sarebbe stato per sempre memore del privilegio di questo ascolto.

17.

I matti

Intanto a Gorizia, in ospedale, Carletto, come gli altri senza più catene e camicie di forza, aveva deciso di stare in portineria. A ogni macchina che si fermava avrebbe lavato i vetri. Finalmente per lui un'occupazione, un ruolo da rivestire dopo una vita passata tra gli uomini privati di tutto. Rivestito di abiti veri ma con un che di pagliaccesco, di fuori misura. I pantaloni ad acqua alta, gli scarponi un po' troppo grandi. Era lì, con le sue orecchie a sventola e i capelli a spazzola, zelante ed efficiente. Con papà a volte capitava di passare all'ospedale anche oltre l'orario di lavoro. Un passaggio veloce, una chiamata urgente. E io restavo in auto ad aspettarlo. Franco lo salutava: "Carletto, come semo?". Scendeva dall'auto e andava dentro. Io restavo lì, chiusa nell'abitacolo, zitta zitta. E Carletto puliva e lustrava il vetro, già pulitissimo, a un palmo dal mio naso e parlava, una cantilena ripetuta, quasi un telegrafico ritornello, che pure raccontava la sua storia e conteneva una richiesta: "E scarpe, e calze... e la pipa e la cravatta?". Le scarpe e le calze le aveva ri-conquistate con la rivoluzione del "professor", e adesso chiedeva anche la pipa e la cravatta. Mi sembrava davvero una richiesta giusta, da parte sua.

Quando penso a quegli anni, penso anche ai ragazzi della Meglio Gioventù, quelli che hanno salvato dal fango i libri di

Firenze sepolti dall'alluvione del 1966. Da noi a Gorizia arrivavano per spalare via l'isolamento e per portare il mondo dentro a quell'ospedale, che primo fra tutti aveva osato scardinare le sue sbarre e aveva bisogno di far entrare la vita vera dentro le sue mura. Stavano una settimana, un mese, tutta l'estate. Stavano con i matti, portavano dal parrucchiere le vecie, suonavano per loro e con loro la chitarra, lavoravano insieme. Molti venivano a dormire da noi. Una flotta colorata di fratelli e sorelle maggiori che però doveva rispettare le regole della casa: lenzuola e niente sacchi a pelo, per esempio. E tra quelle lenzuola si parlava per ore, la notte prima di addormentarsi. Così nell'ultimo piano sempre aperto della Provincia arrivavano tanti tipi diversi, di tutte le generazioni possibili: loro, i dottori, i professoroni, i laureandi, le ragazze alla pari, Velio col suo pennello, tanti giornalisti, a un certo punto perfino la Rai e anche l'orrenda, orrifica, puzzolente signora Pierina.

La signora Pierina era come la strega di Biancaneve, anzi era come Crudelia DeMon, solo più vecchia e dismessa. Le gambe magre, storte, i tacchi alti, i capelli spettinati, tinti di biondo con la ricrescita nera in vista. La sigaretta sempre in bocca o stretta fra le dita non curate. Le sue gonne anni sessanta, a tubo e fino a metà ginocchio, erano stinte, logore e un po' stracciate. I suoi pullover gemelli, sporchi e bucati. L'odore della signora Pierina era acre, forte, capace di inondare tutte le scale del palazzo e di arrivare fino al portone d'entrata; un odore indimenticabile. Era perfino peggio della puzza peggiore che fino a quel momento mi fosse entrata nelle narici; quella della Mucca Carolina gonfiabile che arrivava con i punti della Invernizzi. Ma cosa doveva mangiare una persona per avere un odore così? Dove doveva vivere? La immaginavo a nutrirsi di cani, forse suggestionata dalla Crudelia di Disney che avevo visto al cinema da poco; la immaginavo a vivere in una stamberga in compagnia dei topi, senza sapere a cosa servivano l'acqua e il sapone.

Io la sua puzza la sentivo subito, già sulla soglia, a piano terra. Era il segnale, l'allarme che mi faceva capire che c'era. Enrico allora interveniva in mio aiuto. Il mio Nembo Kid personale correva su per primo, faceva i gradini a salti e mi avvisava che la Pierina era effettivamente dietro l'angolo, già posizionata al nostro piano. Lui era coraggioso abbastanza da riuscire a starle vicino per il tempo che serviva perché ci aprissero. Io procedevo dietro a lui, piano. Tutto era calcolato perché comparissi sul pianerottolo con la porta appena aperta, per potermi infilare come un fulmine nell'appartamento e richiudere subito la porta alle mie spalle, in modo che lei non riuscisse a entrare. Così neutralizzavamo la Pierina. Che comunque non si dava mai per vinta e se ne stava per ore di fianco allo stipite, chiedendo di entrare e di vedere Franco. Perché "era tutta colpa del professor" se lei non sapeva più dove andare; lui l'aveva portata "fuori" in un mondo dove non riusciva a ritrovarsi. Non capiva come e di cosa potesse vivere. Le alternative al manicomio, le comunità, le case famiglia, non le accettava. Anche se la Franca la pregava di andarsene lei restava. "Signora Pierina, ci sono i bambini...", le diceva. Ma lei non mollava l'osso. Però, un certo giorno, l'osso lo ha mollato e non si è più vista. Inattesa, improvvisa e inaspettata assenza. Pensavo a lei e mi chiedevo che fine avesse mai fatto; vedevo in sogno la sua stamberga con i topi amici. Era lì con loro? E con loro si era ricostruita il suo piccolo personale angolo dove poter vivere? O magari era finita sotto una macchina? O forse era partita per affrontare quel mondo libero che non aveva mai conosciuto?

18.

La capretta

Arriva Pasqua e un parente di un matto regala al professor una capretta. Viva e vegeta, anche se probabilmente era pensata per il forno. Arrivo io e decido che devo tenerla. Ma in casa? La poveraccia ha resistito chiusa nell'antibagno per qualche giorno, poi è stato deciso che poteva stare, ma solo nel cortile del palazzo. Allora costruiscono un recinto per lei: sarebbe stata la sua casa solo se fosse riuscita a nutrirsi. Ma la capretta piangeva e io, contravvenendo alle regole, decido di consolarla in camera mia. Mi sono addormentata con lei vicino. Immaginando di portarla con me ovunque, anche a scuola. Grazie alle rigide precedenze alfabetiche, la vedevo rispondere all'appello subito dopo di me, solo strascicando un po' di più le "E": "Alberta Basaglia".

"Presente!"

"Capra Basaglia."

"Preeeesente!"

Poi veniva insieme a me da Carletto, che la amava molto e le dava un sacco di sale grosso, prendendolo dalle tasche larghe e sformate dei suoi pantaloni scombinati e troppo grandi. Del buon sale da sgranocchiare. Lei beata e lui per un attimo muto, senza il suo famoso ritornello... "Le scarpe, le calze...". Sognavo così, ma al risveglio non l'ho più trovata. "È tornata dalla sua mamma," mi hanno detto e io li ho creduti.

19.

I giardini di Abele

Un giorno di vacanza da scuola, in quel tachicardico 1968, a casa della nonna Cecilia a Venezia, la televisione era accesa. Da lei non valeva la regola che la proibiva e in quella terra franca mi potevo godere gli episodi della *Freccia Nera* o le puntate di *Giovanna, la nonna del Corsaro*. Era sera, dopo un fantastico (perché raro) Carosello. Davano *Tv7*, una delle prime trasmissioni di informazione della Rai. Iniziano a scorrere sul video immagini a me conosciute, quotidiane; la strada alberata, sulla destra il grande cancello in ferro battuto aperto, il viale che porta alla grande imponente costruzione poco più in alto, nel parco: l'ospedale del papà. A commento delle immagini, la voce più pacata, affidabile, posata e riflessiva che avessi mai ascoltato tra tutte le voci dei commensali a casa nostra, quella di Sergio Zavoli. La storia che stava raccontando non poteva che essere, in qualche modo, anche la mia. Mi perdo l'inizio del discorso, ma poi decido di stare attenta: "...un muro di cinta dell'ospedale segna un tratto di confine tra lo stato italiano e quello jugoslavo. Ho chiesto di conoscere questo problematico manicomio della cui storia recente si occupano uomini di scienza e cultura di ogni parte del mondo e che da noi rischia di essere conosciuto solo attraverso un fatto di cronaca".

Scorrono le immagini terribili, da film dell'orrore, degli uomini e delle donne fantasma, spettri che si aggirano infagottati in cortili spogli e sporchi; uomini che legano altri uomini, mazzi di chiavi stretti in mani nervose che di scatto chiudono porte e finestre. Continua il racconto: "... Queste immagini documentano la realtà di un manicomio chiuso, cioè di una istituzione tradizionale. A Gorizia, dal giorno in cui l'ospedale le ha rinnegate, sono già lontane, archiviate. Ci si può far colpa di usare nei confronti di queste persone una nuova forma di violenza mostrando senza ambiguità il volto di un dolore abitualmente protetto dalla paura del marchio infamante tra le mura di un ospedale che custodisce gelosamente una società di esclusi. Ma ciò che vi mostriamo al di là del volto dell'internato e della sua follia, è quanto resta di un uomo dopo che l'istituzione delegata a curarlo lo ha sistematicamente oggettivato riducendolo cioè a numero e a cosa".

Guardo e penso: ecco ora vedo come dovevano essere Carletto, Velio e gli altri prima dei vestiti e dei pennelli. Il racconto continua: "Si è detto che gli alienati vengono trattati più duramente degli altri ammalati perché sono uomini senza difesa e quindi senza voce e senza diritti. Che nel mondo dei sofferenti equivalgono ai negri, agli indigeni, agli apolidi, ai sottoproletari, agli ebrei e come tali sono spesso vittime di pregiudizi e privazioni. Gorizia si è chiesta fino a che punto questi pregiudizi e queste privazioni concernono la natura della follia e ha risposto che non la riguardano affatto. Poiché accade facilmente a chi ha perso tutto di perdere infine se stesso, occorreva restituire a chi è ridotto soltanto a sofferenza e bisogni la possibilità di riconoscerci non attraverso l'esclusione che divide, ma a una solidarietà che affratella e che ci obbliga a cercare nel mondo comune, dal quale il mandato proviene, le nostre possibili complicità nel suo male".

Vedo allora gli "alienati" dalle facce svuotate riportati in vita, vedo le staccionate di ferro abbattute, riconosco i recinti divelti a martellate. Ritrovo le parole scambiate ("assemblee generali", spiega la voce), vedo i sorrisi sdentati di uomini rivestiti (e cerco, là in mezzo, Carletto). Noto i comodini portati accanto a letti di ferro troppo spogli e soli nelle camerate desolate. Comodini che possono finalmente custodire oggetti che riscaldano gli animi e le stanze.

Il racconto va avanti: "Nel novembre del 1962 l'équipe psichiatrica diretta dal professor Franco Basaglia, apre il primo reparto dell'ospedale e inaugura, anche in Italia, la comunità terapeutica. La vita dell'ospedale è regolata da assemblee di reparto e da assemblee generali. I malati riacquistano un ruolo umano e sociale. Gestiscono se stessi, la loro esistenza, attraverso una continua comunicazione con chi li cura. Soppressa la cura carceraria dell'istituzione, si comincia a studiare la natura del pregiudizio". Ormai mi era chiaro, andava finalmente in scena perché tutti sapessero il risultato delle parole attorno al tavolo di casa, delle parole scritte a macchina la notte e del lavoro quotidiano in ospedale. Il titolo di testa del programma compare in sovraimpressione: *I giardini di Abele*, di Sergio Zavoli, appunto.

Non mi faceva strano che il frutto vivente del fermento stesse saltando fuori anche dallo schermo della tivù di nonna Cecilia: solo il fatto di essere diventata una storia a portata degli ormai tanti fortunati possessori di tivù mi faceva pensare che allora a Gorizia si stava incidendo davvero su ciò che prima era sempre stato ignorato. Fin dai titoli di testa di quel *Tv7* mi era diventato chiaro che da quel momento in poi, davanti a certi orrori, non sarebbe più stato possibile fare finta di niente. Che sollievo poi capire che tutta questa loro, nostra, vicenda, diventando pubblica, non era più conosciuta da pochi ma apparteneva a tutti. Voleva dire che io non ero più tanto diversa. Certo rimaneva il discorso della tivù. Davvero incomprensibile, a questo punto, che proprio noi non dovessimo possederne una. Per fortuna che c'era la nonna Cecilia.

20.

Il telefono di notte

Capitava anche che il telefono di notte squillasse. "Chi sarà scampà?" si chiedevano i grandi: essere liberi dalle catene non significava ancora poter decidere di uscire senza essere accompagnati. A volte però non era per recuperare un matto scappato, era per abbattere qualche muro, qualche rete. Così al mattino in manicomio c'era una nuova breccia che di giorno non si sarebbe potuta aprire. Il dramma della fuga e la clandestinità delle picconate non arrivavano mai a noi piccoli. C'era piuttosto l'idea di una avventura notturna in corso. Un po' la stessa avventura di quella notte sui tetti di Venezia nel '44: Franco che scappava dai fascisti e finiva in galera. Un Franco che ha sempre rifiutato la retorica del partigiano, ma che non ha mai smesso di esserlo, pur non parlandone. Tornava sull'argomento solo per spiegare della sua prima entrata in manicomio: era stato come ritrovarsi negli odori e nei rumori del carcere che aveva conosciuto allora. Se si trattava di dover scovare i fuggitivi, si muovevano tutti e in genere sapevano dove cercare. Li pescavano in qualche bar, o in un angolo di cortile, a contemplare quella libertà ritrovata che dovevano ancora capire del tutto.

Non serve dare un senso a faccende che molte volte spiegazioni non hanno. E nessuno dei grandi ha mai ritenuto fosse giusto "spiegare", semplicemente bastava vivere. Anche l'ansia che a volte si percepiva. Era nello stato delle cose. Noi bambini non ne siamo mai stati tagliati fuori, perché non esistevano cose da grandi e cose da piccoli. Eravamo tutti solo persone. Al massimo potevamo rappresentare dentro di noi, a nostro modo, realtà adulte. Per fare un esempio, prendiamo *La passione secondo Matteo* di Bach che il personale della Clinica Neurologica di Padova aveva regalato a papà per il trasferimento a Gorizia: ero convinta che fosse cantato e suonato dai medici e dagli infermieri del reparto, un'orchestra perfetta. Avevo ovviamente preso un bel granchio, ma quelle note le sentivo e le apprezzavo comunque. La realtà è la stessa per tutti, e non importa se la vivi a modo tuo o se fraintendi qualcosa, lei ti spetta comunque di diritto. Grande o piccolo che tu sia. Nessuno ci ha mai lasciato "di là" perché "non erano cose da bambini". In quell'ultimo luminoso piano del palazzo della Provincia, le porte non si chiudevano, le parole ci raggiungevano sempre, da una stanza all'altra, insieme all'odore del fumo di sigaretta, al ticchettio della macchina da scrivere e agli squilli del telefono. I loro discorsi erano anche i nostri. Queste diverse presenze erano il mio quotidiano. Questa è stata per me la rivoluzione più normale del mondo.

21.

Le tovaglie bianche e rosse

Quando più tardi nel tempo sarei incappata nelle tovaglie a quadretti bianchi e rossi e nelle note da ballo liscio delle feste dell'Unità, sarebbe sempre arrivato puntuale lo scatto della memoria, la mia "madeleine" personale, che immancabilmente mi riportava dritta alle feste dell'ospedale, alle feste da manicomio liberato. Uno stringimento di cuore misto a malinconia, davanti alle stesse tovaglie, alle stesse note e allo stesso ritrovarsi di chi testardo non vuole smettere di credere e sperare in un mondo migliore. Eccoli, i vecchi matti ripuliti a festa felici di esserci, signori senza denti e rivestiti come meglio si poteva. Ecco Carletto, finalmente con la cravatta al collo e la pipa in bocca. Per la festa, quei due simboli prestigiosi erano diventati suoi e li sfoggiava con orgoglio, girando tra le signore brutte e grasse ma fresche di parrucchiere, fiere delle loro pettinature da casco e bigodino. Mi baciano con quei baci bagnati da vecchie zie zitelle: "La fia del direttor!". Mi baciano e mi toccano maldestramente, disabituate e quindi assetate di vicinanza. È come se volessero riscoprire, attraverso il corpo di una bambina, il loro corpo di donna, perso da troppo tempo e di cui si sono dimenticate. L'istituzione ti toglie tutto, i tuoi vestiti, le tue cose, perfino la pelle. Non mi invento niente, capisco solo perché, nelle serate di discussione e di parole scritte a macchina, Primo Levi e il suo *Se questo è un uomo* venivano spesso nominati: "Si immagini ora un uomo, a cui, insieme con le persone amate, vengano tolti la sua casa, le sue abitudini, i suoi abiti, tutto infine, letteralmente tutto quanto possiede: sarà un uomo vuoto, ridotto a sofferenza e bisogno, dimentico di dignità e discernimento, poiché accade facilmente a chi ha perso tutto di perdere anche se stesso".

Se non sai più cosa fare del tuo corpo cerchi di ri-conoscerlo invadendo il corpo di un altro. Con i bambini questa invasione è permessa, sono perfino le buone maniere in società a concederti di essere padrone dei loro corpi. I buffetti sulle guance, le carezze, i capelli da toccare, il prendere in braccio, l'abbracciare e baciare. Tutti gesti nella norma. E queste donne che si erano potute rivestire e sistemare i capelli, legittimamente potevano anche diventare vecchie zie. Ma erano goffe con le loro coccole eccessive. I loro gesti erano pasticcioni ed esagerati. E io mi sentivo davvero troppo stropicciata. Desolina era una di loro, grassa, vestita con grembiuli colorati e a fiori, i capelli inappuntabili. Desolina ricamava immagini sacre e parole e ce le regalava. Certi suoi ricami stanno ancora, avvolti in un panno, dentro a un cassetto in soggiorno. Maria era bruttissima, una brutta Vispa Teresa con degli occhiali spessi come non avevo mai visto. Lei non era tra quelle che mi baciavano, stava sempre silenziosa e assente, quando era tranquilla.

22.

Romana

"Piccole e belle Cunegunde, non voglio mai diventare grunde." Lo sapevo bene che noi qui non abbiamo le magiche pillole di Pippi. Esistono solo a Villa Villacolle, dentro al mio libro bianco e giallo Vallecchi, sul comodino. Peccato. Ma pazienza. Senza Cunegunde io sarei irrimediabilmente cresciuta. Ma i bambini e le bambine non li avrei mai allontanati da me, nemmeno da grande. L'ho deciso un giorno, per caso. Era un pomeriggio di festa e di balli all'ospedale. Eccomi lì, tra le tovaglie a quadretti bianchi e rossi, tra i vestiti della domenica e i capelli freschi di bigodino. Questa volta ero decisa: volevo scappare dai baci umidi di tutte le vecchie zie matte e sdentate. Ma dove infilarmi? In bagno mi avrebbero subito scovata. Avevo bisogno di un angolo più nascosto e meno frequentato. Prendo un corridoio a destra e apro una porta a sinistra. Stanza come ovattata, gli scuri accostati. La luce del sole entra appena. Inizio a guardarmi intorno. Una scrivania, due sedie girevoli, un grande mobile archivio pieno di cassetti e scaffali lungo la parete di destra. Mi avvicino e inizio a osservare quelle grandi cartelle di cartone chiuse con delle fettucce di stoffa giallastra.

Erano tante, impilate lì dentro, una di fianco all'altra. L'inchiostro sul frontespizio è ingrigito. Parrebbe dal tempo. E infatti leggo: anno 1899. La cartella pesa. La sfilo dallo scaffale e la appoggio sulla scrivania. Accendo la luce della lampada da tavolo che mi trovo accanto e sciolgo il fiocco giallastro e impolverato. Afferro il primo faldone di fogli che mi si para davanti e prendo la mia lente di ingrandimento dalla tasca. Inizio: "Tabella nosologica – Numero d'ordine 64, anno 1899. G. Romana, 18 ottobre '99, anni 11. Religione: Cattolica. Costituzione fisica: Ordinaria. Diagnosi: frenopatica...fran." (ma qui non si capisce bene. La scrittura adulta, affrettata, inclinata verso destra come a voler scorrere il più in fretta possibile, non mi fa leggere con chiarezza, però la parola finale, quella sì che la capisco: Epilettica). "Esito: non migliorata. Trasferita, marzo 1903."

Sopra la scritta "Tabella nosologica", una foto. Di una bambina che mi guarda un po' storto e con un mezzo sorriso. È seduta, le mani appoggiate sulle cosce, una sopra l'altra. Ha l'aria tranquilla e un bel colletto di pizzo bianco che risalta sul vestito scuro. Nel bianco e nero sgualcito e seppiato quell'immagine mi rimbalza addosso e lo sguardo, un po' storto anche il mio, mi ritorna sulla voce "esito": non migliorata trasferita. Trasferita dove? E perché?

Giro pagina. "Anamnesi": anche qui non riesco a leggere tutto, la scrittura non mi è sempre chiara. Comunque al punto 9 leggo: "Sviluppo mentale... nella norma... Docile. Buona di..". Trovo la voce "Esame oggettivo e soggettivo. Misure antropo-metriche". "Altezza del corpo metri 1.24 – Peso del corpo Kilogr. 27 – Circonferenza alla base 520 – Curva anteroposteriore 260 – Curva bisauricolare 310 – Curva fronte-bisauriculare 260 – Curva occipito bisauriculare 260 – Diametro antero posteriore 180." Poi mi stufo di leggere, ma immagino il cranio di Romana misurato al millimetro e attraversato da meridiani e paralleli come il mappamondo che c'è a casa della nonna Cecilia.

Giro ancora pagina e mi trovo davanti ad altre note. Improvvisamente la grafia del dottore si fa ben leggibile: "Accessi forti e frequenti. Nei periodi di intervallo si occupa nell'infilare perle che chiede sempre piagnucolando con linguaggio bambinesco. Piange e grida per nulla. Affettività sviluppata in relazione alla sua malattia. Trasferita, marzo 1903". Ero riuscita a leggere tutto di un fiato, questa volta. Ormai era ovvio, questa era una scheda di un paziente di manicomio, un paziente piccolo, bambino, anzi bambina, come me. Dove era finita Romana? Che a 11 anni era alta 1 metro e 24 centimetri e pesava 27 chili. Buona e docile, appassionata di perle. Quattro anni chiusa in un manicomio e poi trasferita altrove, nel 1903, a 15 anni.

Di là intanto continuava la festa. Mi arrivavano i suoni, il vociare, la musica, gli odori. Inizio maldestramente a calcolare: dal 1903 al 1965 quanti anni sono passati? 62+15 = 78. Immagino Romana ormai vecchia di 78 anni, di là a ballare. Chissà. Romana, bambina epilettica, era ancora tra noi o no? Era riuscita a uscirne? O magari era stata condannata al manicomio a vita? E io, con i miei buchi nel fondo degli occhi, se fossi nata da un'altra parte, in un altro tempo, a cosa sarei stata condannata?

23.

In vaporetto

1978. La nebbia è fitta. Il vaporetto numero 20, detto delle disgrazie, si stacca dall'imbarcadero. Poca gente dentro. D'altra parte in quanti potevano avventurarsi d'inverno lungo quella tratta ormai in disuso, che toccava un pugno di tristi ospedali in via di dismissione? Il bello è che ci sono anch'io, tra quei pochi, assorti, passeggeri. Partenza da San Zaccaria e poi verso la laguna sud, verso le "isole dolorose", come scrive una guida di Venezia di fine Ottocento. Fermata Le Grazie, ospedale per malattie infettive; poi San Clemente, manicomio femminile da qualche mese svuotato del vecchio e in via di riconversione; subito dopo San Servolo, il manicomio maschile della città, da poco chiuso.

"Non voglio mai diventare grande..." cantavo così, un po' di anni prima. Grande però ero diventata. A dire il vero non proprio grandissima, ma cresciuta a sufficienza da poter decidere il titolo della mia tesi di laurea in psicologia: "Bambini in manicomio. Ipotesi per una ricerca". Di bambini avevo sempre pensato che mi sarei occupata facendo la pediatra. Ma i miei occhi non hanno potuto vincere sullo studio al microscopio e sulle mille pagine scritte fitte di anatomia. C'era sempre il mio limite, impossibile da ignorare. Quindi stavo diventando psicologa dell'età evolutiva. E per raggiungere questo obiettivo mi ero buttata, per così dire, nella tana del lupo: Facoltà di psicologia, Università di Padova.

"Ma chi me l'ha fatto fare?" Me lo sarei chiesto più volte nel corso degli anni. Davanti al papà che anche mentre passava l'aspirapolvere trovava il modo di infilare la testa nei miei libri, per intervenire, correggermi o puntualizzare. Perfino quando preparavo *Teorie e tecniche dei test*. Alla faccia dei detrattori che non lo ritenevano abbastanza scientifico. E poi c'erano le facce dei professori che leggevano il mio nome sul libretto e che mi guardavano tra lo stupito e l'incuriosito; uno sguardo che detestavo; quello di chi vede incarnato in forma di studentessa parte del Dna del famoso psichiatra che, tra il resto, aveva osato capovolgere certi dogmi insiti nella loro professione e soprattutto nel loro ruolo. Il vaporetto traballa e riaffiora la rabbia di quando mi sentii dire, appena seduta per l'esame, senza neanche lasciarmi parlare: "Ma sa che assomiglia tanto a suo padre?". Che nervi, a tutto questo non c'è mai stato modo di sottrarsi: quel personaggio che mi era capitato come padre, all'epoca, fine anni settanta, era nell'occhio di tutti i cicloni possibili: quello scientifico, quello mediatico, quello politico-legislativo, quello culturale e chi più ne ha più ne metta. Io lì, a bordo del vaporetto numero 20 e diretta alle isole dolorose, non lo sapevo ancora, ma papà non sarebbe venuto nemmeno alla discussione di laurea; avremmo deciso insieme che la sua presenza avrebbe causato troppo disagio. Anche in quella occasione mi sarei dovuta rassegnare tristemente a fare l'alternativa. D'altra parte non era una novità: niente tivù, niente fermagli colorati tra i capelli, niente papà alla mia laurea. Ma in compenso lui mi avrebbe spedito un telegramma con su solo due parole: "Brava, papà". Io, di mio, lo avrei conservato per sempre nel portafoglio, se non fosse stato per un ladro che un giorno se l'è rubato insieme alle due lire infilate nella cerniera accanto. Poco guadagno per lui, grave perdita per me.

Ma perché avevo deciso di imbarcarmi in questa impresa, in una tesi per dare voce ai bambini e per di più matti? Bambini come la Romana che avevo scoperto anni prima durante la festa dei baci bagnati?

L'aria respirata da quando ero nata aveva influito, innegabile. E questa mia prima uscita rientrava in una specie di disegno più generale che stavo escogitando per me stessa. Mi sentivo come dentro a una delle lunghe tele dipinte dal cugino Vittorio: mi guardavo indietro e vedevo me stessa nei primi metri: le nuvole, le foglie gocciolanti, lo sguardo sghembo, la vita spesa tra Venezia e Gorizia, tra i professori, i dottori, le parole parlate e quelle scritte a macchina, Enrico, la mamma e il papà, i matti liberati, i ragazzi della Meglio Gioventù, la tivù mai avuta e le scappate alla Standa per scoprire gli altri suoni del mondo. Ed eccomi ora a tentare di abbozzare e disegnare i metri a venire della mia tela, a definire le mie scelte.

Con la tesi che avevo deciso di fare, avrei potuto scovare voci cancellate, avrei restituito qualche parola almeno a un pugno di storie mute. O meglio zittite; zittite perché diverse. Un bambino è un diverso, già di per sé. Pensiamolo poi così tanto diverso da essere giudicato matto. Una diversità debole che si può cancellare in un modo semplice e socialmente accettabile, con la reclusione; per esempio, in manicomio. Eccoli, privati di tutto e, su tutto, della libertà. Quando a Gorizia hanno ridato i comodini ai matti, e gli hanno restituito vestiti e identità, hanno anche ridato libertà. Di sicuro quei matti lì erano meno deboli di questi bambini qui che stavo andando a scoprire tra un mucchio di cartelle cliniche. Scendo a San Clemente, il vaporetto si stacca dal pontile e si allontana. Sono sola. In borsa un quaderno grande, copertina rigida nera, angoli bordati di rosso.

24.

I bambini dimenticati

Mi aspetta il custode. In mano ha molte chiavi raccolte in un anello. Il manicomio da pochi mesi era chiuso, dopo che la legge 180 il 13 maggio ne aveva decretato la fine. Liberazione avvenuta dunque, eppure le chiavi erano sempre lì a farla da padrone, a serrare porte e finestre come un tempo. Mi torna il pensiero alle mani nervose, intente a chiudere serrature e lucchetti, che avevo visto una decina di anni prima nei *Giardini di Abele* in tivù, da nonna Cecilia.

L'uomo, senza troppe parole, sceglie una chiave dal folto del mazzo e apre un portone, poi altri giri in altre toppe, una porta dopo l'altra. Alla fine ci ritroviamo nell'atrio vuoto e desolato del piano terra. Intravedo la grande farmacia del manicomio ancora intatta, come doveva essere da almeno cent'anni: la boiserie di legno, i vecchi vasi di ceramica blu e bianca sugli scaffali. Un bizzarro incantesimo: gli oggetti tutti congelati lì, ma nessun umano addormentato sul bancone; nessuno sguardo oltre ai nostri a osservare. Entriamo in una grande sala, a destra lo scalone che porta al primo piano. È l'archivio. Dalle ampie finestre osservo la laguna nebbiosa, la chiesa che si affaccia sulla riva, gli alberi del parco. Al centro un tavolo circondato di scaffalature protette dalle vetrine. Contengono l'archivio vero e proprio: faldoni su faldoni di cartelle cliniche divise per anno.

Ho ricevuto il permesso di consultarle per motivi di studio. Devo ringraziare la mia tesi per questo privilegio. Ripenso al mio obiettivo: scoprire quanti bambini dimenticati in vita e in morte siano passati di lì, per farli uscire da quelle carte ammuffite e per leggere le loro storie. Voglio che se ne parli. Anche solo in sede di discussione di laurea. Meglio di niente. Voglio conoscerli e non dimenticarli, come, da quel pomeriggio di festa in fuga dalle coccole eccessive e fastidiose, non ho dimenticato Romana. La bambina che era bambina come me tanto prima di me, scovata dentro a quell'altro faldone impolverato, a Gorizia. Avevo imparato a farmela amica e allo stesso modo avrei fatto anche con gli altri. Perché di una cosa ero sicura: i corridoi che correvano labirintici fuori dalla stanza dove mi trovavo avevano visto altri bambini andare, venire, partire, patire e morire. Sempre invisibili, mischiati ai pazienti adulti. Ero decisa a farmi amici anche loro. Solo così avrei potuto controllare l'angoscia e guadagnarmi la forza di raccontarli.

Avrei setacciato cento anni di vita dell'ospedale, dal 1872 (quando è stato aperto come manicomio femminile) al 1972. Avrei trovato conferma che fino ai primi anni del Novecento le malattie dei bambini non erano separate da quelle degli adulti e che solo dopo gli anni venti si sarebbe considerata la neuropsichiatria infantile come disciplina distinta e autonoma. Ma, nonostante la conseguente nascita degli istituti Medico-Psico-Pedagogici, i bambini in manicomio ci sarebbero restati. E io ne avrei trovati un bel po'. Bambini disturbanti, menomati, epilettici, handicappati, indigenti; e quindi rinchiusi. Mai ripagati dei diritti fondamentali di cui erano stati privati. Le cartelle cliniche che rintraccio, partendo dagli anni incisi sui faldoni e dall'età in cui il paziente veniva internato, parlano anche della famiglia e dell'ambiente da cui questi bambini sono stati espulsi, a volte per qualche mese, a volte per anni, a volte per sempre.

Apro le vetrine e afferro i primi faldoni. Seleziono quelli che mi interessano. Prendo la lente e inizio a leggere. Mi si svelano squarci di esistenze a cominciare dalle misurazioni dell'Esame Antropologico: sviluppo scheletrico, statura, apertura delle braccia, stato di nutrizione, peso del corpo, tessuto cutaneo, cranio. Numeri, ma almeno solo numeri che non possono essere sprezzanti come le tante descrizioni dei medici compilatori, con le loro fredde e giudicanti note. I termini e gli aggettivi con cui li descrivevano erano spesso davvero impietosi: "indocile", "disobbediente", "ozioso", "irritabile", "cattivo", "permaloso", "tendente al furto", "insofferente alla disciplina". Ma come si poteva imputare a un bambino, magari epilettico, la colpa d'essere "irritabile", "indocile", "disobbediente"? A un bambino improvvisamente privato della famiglia e rinchiuso in manicomio insieme a malati adulti?

Eccoli, in quelle cartelle, i piccoli più deboli tra i deboli. Mi guardano dalle foto formato tessera, diligentemente incollate alle cartelle. Piccole facce in bianco e nero. Quasi tutte hanno ben stampate, giusto a margine, le loro radici povere e miserabili. Piccole vite spolpate, rachitiche per via del "vitto insufficiente" e spesso colpite da "frenosi pellagrosa", che vorrebbe dire alterazione psichica prodotta da fame. Impazziti dalla fame. A proposito di pazzia: il termine veniva usato solo al momento della dimissione, "per non riconosciuta pazzia". Per il resto, sulle generiche diagnosi che giustificano il ricovero, la "pazzia" è la grande assente. A San Clemente da minorenni si entrava soprattutto per epilessia, imbecillità, idiozia, cerebropatia. I comportamenti anomali che i bambini avevano, chiaramente causati da queste patologie, venivano esasperati come se il medico cercasse in tutti i modi di costruirsi un alibi che giustificasse l'internamento. L'immediato, "benefico" effetto era garantito: allontanare ed escludere quelle diversità disturbanti chiudendole in manicomio e, spesso, buttando la chiave.

Nelle cartelle trovo anche i certificati responsabili delle reclusioni: sono quelli redatti dai medici dell'ospedale generale, "sezione infantile" da dove i miei nuovi amici spesso provengono. Trovo, frequente, l'espressione "alienazione mentale" per giustificare il trasferimento. Ma tra le motivazioni leggo: "turpiloquio", "tendenza a denudarsi", "masturbazione". Il tutto porta dritto a giudizi di "imbecillità morale", "frenastenia degenerata", "idiozia morale". Diagnosi che, guarda caso, sembrano colpire più le femmine che i maschi. Come se la bestemmia, il turpiloquio, la masturbazione fossero segni discriminanti di "pazzia" solo se praticati da bambine. A proposito, avrei trovato più bambine ricoverate che bambini.

Alla voce "Notizie mediche", leggo di madri che partoriscono quattordici figli, dieci dei quali morti in tenera età per imprecisate malattie. Di genitori che dormono con gli otto figli in un'unica stanza – tra i piccoli internati chi aveva vissuto in tali promiscuità viene classificato come "osceno", "scandaloso" e "sconcio" perché dimostra di essere a conoscenza delle pratiche sessuali. Leggo di padri in silenzio davanti alle domande dell'assistente sociale, padri incapaci di agire, troppo vergognosi della loro povertà. Di famiglie che non sanno come far fronte a un figlio menomato, ritardato, malato. E di una legge che autorizza a internare chi risulta impossibile da sorvegliare e da assistere; una legge che sembra essere per loro l'unico strumento a disposizione.

25.

La morte

Le cartelle che parlano di dimissioni fanno sembrare questi bambini delle stelle cadenti, li vedi sfrecciare per brevi istanti e poi semplicemente sparire, senza che venga data nessuna informazione sulla loro destinazione finale. Così facendo, si lascia almeno aperta la strada delle supposizioni. Questo esercizio di immaginazione l'ho dovuto accantonare di frequente nel mio scartabellare e ricopiare, perché tra le mani mi sono spesso trovata tante cartelle che si concludevano con il finale tassativo, inderogabile e certo: il "decesso". In questi casi sapevo come andava a finire, non potevo far finta di niente. Le tragedie si sa come si chiudono, in tragedia, appunto. La morte non permette mai di fantasticare. Ho raggruppato tutte le cartelle dei decessi. Leggo: "Cessò di vivere", "muore", "spirò". La morte dal 1870 al 1890 è indicata così, senza causa precisa. Spesso notizie più dettagliate vengono date a posteriori dopo l'autopsia, ma possono non concordare con quanto era stato scritto precedentemente, tanto che trovo un "morta per gastrite" cancellato da un tratto di penna e sostituito da "morta per Tbc". Tubercolosi polmonare.

"Setticemia per paralisi" (e immagino le costrizioni nei letti e le piaghe da decubito); infezioni della pelle, dell'orecchio e di altri organi; "stato di male epilettico", "gangrena"; "ascesso polmonare": eccole, una in fila all'altra, le cause di morte che mi trovo scritte davanti. Finire in infermeria è per loro l'atto finale; entri finalmente in un luogo di "cura", realtà altra separata dal manicomio in sé, dove però spesso, anche se si migliora un poco, alla fine si muore e basta: perché si arriva in infermeria quando è davvero troppo tardi. E riparare ai danni della segregazione non si può più.

Certe cartelle sembrano dei pedanti, puntigliosi e lunghi diari, altre dei drammatici epitaffi: decido di iniziare premiando la concisione. Immagino queste note mediche, gelide e frettolose, incise su lapidi tombali. Una Spoon River da manicomio:

"1894 Virginia, anni 10 – Idiozia. Costituzione fisica gracile, stato della nutrizione scarso. L'arresto dell'intelligenza è completo. È vivacissima, irrequieta, batte le mani, gesticola, pronuncia parole senza senso o cerca di ripetere pappagallescamente parole che ode da altri... sifilide ereditaria (?). Grida, lacera, morde, tira calci... ineducabile. A volte è agitata, canticchia notte e giorno, passeggia e corre per le stanze... masturbatrice... da qualche giorno ha febbre elevata, massime di sera. Si passa all'infermeria... diagnosi: tubercolosi polmonare... È ridotta pelle e ossa. Sono cominciate anche le piaghe da decubito. Febbre continua. 3 febbraio 1898 muore per tubercolosi polmonare".

"1916 Giuseppina, anni 11 – Epilessia in idiota. Uno zio materno morto a San Servolo, un cugino paterno morto epilettico, non si ha altra notizia sul gentilizio. La M. ha 4 fratelli vivi e sani; due morirono a pochi giorni di età per carie vertebrali. Fino all'età di sei mesi parve sveglia, intelligente; poi ebbe una itterizia e, dicono i parenti, una paralisi e da allora non dava più il minimo segno di intelligenza. Non parla affatto, emette urli, pare non sia sorda, non conosce alcuno. È presa spesso da accessi che, a quanto descrivono i parenti, avrebbero carattere epilettico. È sucida, non mangia da sola, non sa masticare. Muore in pochi giorni."

In cima alla pila di cartelle "In obitu" sta la scheda di Maria, che aveva nove anni nel 1891 quando è entrata e che ne aveva sempre nove quando è morta. Stacco lo sguardo dalla pagina ingiallita e osservo fuori dalla finestra. La nebbia sta continuando imperterrita a sfumare il paesaggio. Distinguo ormai appena la chiesa e gli alberi del parco; in più si sta facendo buio. Un buio opaco. Percepisco il suono lontano della sirena dell'acqua alta, proprio mentre rimetto gli occhi sul foglio e leggo questa frase: "... la sua faccia è atteggiata da uno stupido sorriso durante il quale emette dei trilli di scala cromatica...". I trilli colorati di Maria mi arrivano alle orecchie insieme alla sirena lontana; viste le circostanze, un concerto funebre. Finisco di leggere: "19 agosto 1891 morte per tubercolosi".

26.

Gabriella C.

In uno degli ultimi esami ero incappata in un testo di Ivan Illich, *Nemesi medica*. E mi aveva colpito un aggettivo: iatrogeno. Per chiarire, si parla di "rischio iatrogeno" quando ci si riferisce al rischio che le azioni dei medici siano non curative ma, al contrario, deleterie per il paziente. Effetto collaterale, fuoco amico. Non mi era difficile dedurre quanto la segregazione, la cattiva alimentazione, la promiscuità, la vita malsana patita da queste bambine in manicomio fosse stata determinante per il fiorire di tubercolosi, pleuriti, infezioni fatali. Chi muore, in queste carte che mi ritrovo davanti, muore per malanni presi a causa dell'internamento o durante l'internamento. Torno su questi ragionamenti non appena finisco di leggere la cartella clinica di Gabriella C.

Leggo che da neonata cresce nella norma e viene allattata al seno dalla madre. Poi a un anno, il morbillo e un'otite che si cronicizza. A sei anni decidono di operarla per "mastoidite sinistra". Dopo questo intervento iniziano le crisi epilettiche. Viene operata nuovamente, questa volta per "mastoidite destra" e si ritrova con una "paralisi in contrattura della mano sinistra" e con crisi epilettiche sempre più aggressive. "Da parecchi mesi," scrive il medico sull'anamnesi, "i parenti si sono accorti che le crisi jacksoniane si sono fatte sempre più frequenti e che psichicamente la paziente presentava una abnormità dell'umore e del contegno, tale da non rendere più possibile la sua convivenza in famiglia. Capricciosa, instabile nell'umore, non ligia alle comuni norme di convenienza, con frequenti crisi d'ira durante le quali diventa clamorosa e pantoclasta." Ed eccoci al ricovero. A vita.

"È entrata ieri sera. All'ingresso era tranquilla... è una bambina dall'aspetto tranquillo e mite. La parola è abbastanza ricca di vocaboli e chiara... la memoria è ben sviluppata. Sa leggere e anche scrivere. Ha fatto la seconda classe elementare. I sentimenti affettivi sono ben sviluppati." Scorrono gli anni, pagina dopo pagina. Il 22 settembre 1949 è "noiosa, disobbediente, petulante e vagola per il reparto senza motivo, spesso presa da accessi convulsivi da grande male". 13 agosto 1950: "Gli accessi si ripetono con un ritmo quotidiano, sempre con cadute, il capo è costantemente contuso, ecchimosi". Così per mesi e mesi, senza che nessuno pensi a cosa fare per lei. Poi la notizia, in un'annotazione dell'aprile 1951: "Ultimamente non si è mai fatta male. Tiene in testa un casco di gommapiuma". E se lo terrà per i diciannove anni che seguono.

Marzo 1952: "Malata sregolatissima, manesca, indocile, esigente, malignamente vendicativa". Scorro pagine su pagine dove vengono annotati solo i frequenti accessi convulsivi e le piccate descrizioni dei suoi cattivi comportamenti ("scontrosa, negativista, ostile", "a volte affettuosa e vischiosa con il personale"). Giugno 1959: "Questa mattina ha sferrato un calcio sulla gamba destra della ricoverata C. È stata tenuta a letto". Nel maggio del 1966 si dà notizia di una "pleurite essudativa sinistra". Si succedono crisi epilettiche (in una sola notte ne contano trenta). Ora le note sono ridotte ad annotazioni di febbri elevate e di ferite lacero-contuse da caduta. Fino all'ultima data: "19 marzo 1970: La paziente è caduta in uno stato stuporoso, alle 14.10 cessa il battito cardiaco (obitus)".

Chiudo il faldone e penso che qui sono proprio davanti a una vicenda simbolo del famoso "rischio iatrogeno". Ma non solo: la vita di Gabriella, così come l'ho potuta leggere, mi dimostra con chiarezza che il manicomio sa accanirsi in tanti modi e sa ucciderti al quadrato. Mi sento di usare il presente e non il passato perché quando lei, giovane donna di ventinove anni, muore, è il 1970. Un anno che sento anche mio. Un anno da poco passato e ancora così tanto presente. Mentre Gabriella stava chiusa col suo casco, a Gorizia ci sono io col mio grembiule arancione, c'è già stato il muro abbattuto del manicomio, c'è Velio col suo pennello, c'è Carletto con la sua cravatta e Desolina con i suoi ricami; ci sono le signore brutte e grasse fiere delle loro pettinature, ci sono le feste delle tovaglie a quadretti bianchi e rossi. Solo a Gorizia e in pochi altri luoghi però. Nel frattempo, nella maggioranza dei manicomi, chi bambino c'era entrato, ma bambino ormai non era più, poteva ancora silenziosamente morire dietro le sbarre. Non stavo portando a galla storie solo di un altro mondo, ma del nostro mondo. Gabriella è morta ieri, non un secolo fa.

27.

La polvere sotto ai tappeti

Si era scelto di cancellare storie come queste, relegandole e dimenticandole in angoli d'archivio, dormienti dentro i fascicoli anonimi e ammuffiti. Ma Gabriella e la schiera di bambine e bambini soffiati via e infilati in manicomio come si ficca sotto al tappeto della polvere che non si sa dove buttare sono potuti riaffiorare dall'oblio insieme agli altri matti. Grazie a certe mani che hanno scelto di alzare il tappeto e di mostrare la polvere. Con una legge che ha permesso a me di entrare e scartabellare nell'archivio di un manicomio ormai chiuso e a tutti di fare per una volta i conti con vite da sempre escluse e ignorate. Erano mani di resistenti, armate di incoscienza, ma anche di scienza. Mani intrepide, che hanno deciso di agire attraverso le azioni, i fatti, le parole, le riflessioni, gli scritti, i movimenti di opinione che mi avevano visto testimone bambina tanti anni prima, quando con lo sguardo sghimbescio vivevo e osservavo, in quell'ultimo piano del palazzo della Provincia, con le finestre grandi e i soffitti alti, a Gorizia.

"Vede, la cosa importante è che abbiamo dimostrato che l'impossibile diventa possibile. Dieci, quindici, vent'anni fa era impensabile che un manicomio potesse essere distrutto. Magari i manicomi torneranno a essere chiusi e più chiusi di prima, io non lo so, ma a ogni modo noi abbiamo dimostrato che si può assistere la persona folle in un altro modo e la testimonianza è fondamentale. Non credo che il fatto che un'azione riesca a generalizzarsi voglia dire che si è vinto. Il punto importante è un altro, è che ora si sa cosa si può fare." Avrebbe detto così mio papà, un anno prima di morire, durante il giro di conferenze in Brasile; era il 28 giugno 1979.

28.

La mia tela

Il portone mi si chiude alle spalle. Uscita da San Clemente, sto in attesa del vaporetto che mi riporterà a San Marco, il quaderno nero con gli angoli bordati di rosso pieno di appunti, ormai riposto in borsa. Mi ronza in testa una domanda. Oltre alla violenza sui matti e sui bambini dimenticati, c'è una violenza ancora più invisibile che continua impunemente a fare a vittime? Ecco il vaporetto; ne scorgo la luce che si fa sempre più vicina. Mentre il marinaio lancia la corda per aggrapparsi alla bitta del pontile, mi arriva la risposta: potrebbe essere la violenza di certi uomini sulle donne. Penso alle donne cancellate dietro alle rispettabili mura di casa, da sempre costrette in ranghi ben precisi, subalterni e disegnati da altri. Ranghi dai quali non è facile fuggire, soprattutto se zittite dalle convenzioni e dalle botte. Sono le donne maltrattate, persone i cui diritti vengono costantemente calpestati. Mi siedo in coperta, al riparo dalla nebbia. Dentro siamo in quattro gatti, peggio che all'andata, e io mi prendo il lusso di scegliere il posto che mi piace di più, quello vicino al finestrino; davanti a me un tizio in mantello che ha tutta l'aria di essere un monaco. Non mi stupisco, sull'isola di San Giorgio c'è il convento dei Benedettini. Guardo fuori e ripenso alla mia tela ancora in corso d'opera. La tela che sognavo appesa nello studio del cugino Vittorio. Immagino che lì, nei metri a venire, ci sarà il mio lavorare con i bambini, ma forse anche con le donne rese mute e invisibili. Chissà.

"Piccole e belle Cunegunde non voglio mai diventare grunde." Ma adesso "grunde" ero diventata. Eccome. Vicino a me noto una ragazza che messaggia compulsiva. Il vaporetto ha il solito odore di ferro umido e salato, con sentore vagamente di ruggine. Per terra ci sono sempre le stesse doghe di legno consunto. Anche fuori la nebbia sembra la stessa di quella sera al ritorno da San Clemente; ormai si è fatto buio e siamo sempre in quattro gatti a viaggiare. C'è perfino il monaco, mechitarista però; non può essere salito che alla fermata prima della mia, quella di San Lazzaro degli Armeni. Il cellulare gli sta suonando in tasca. Io invece metto la mano in borsa e tiro fuori il mio iPad. Occupa più o meno lo stesso spazio che occupava il quaderno nero con gli angoli rossi dove, trent'anni prima, avevo stipato i bambini della tesi. Da quando hanno inventato questa tavoletta intelligente, mi bastano due dita per allargare quanto voglio le parole sullo schermo e leggere senza lente. Mi scarico, distratta, la posta.

Mi accorgo che tanta acqua passata sotto i ponti è servita per far sì che questa tratta "dolorosa" cambiasse di percorso: a San Clemente la fermata è stata soppressa. Lì ora c'è un hotel di lusso. Lo intravedo in lontananza con le sue luci baluginanti. Anche il mio itinerario è cambiato: sto tornando da San Servolo. Non è un caso che proprio nel vecchio manicomio maschile, ormai centro congressi con annesso Museo della Follia, ci sia la sede della Fondazione Franca e Franco Basaglia. Approfittando come trent'anni fa della stessa sproporzione tra posti a sedere (tanti) e compagni di viaggio (pochi), mi sono ripresa il vecchio posto vicino al finestrino. Guardo fuori e, come allora, ripenso alla mia tela. La scovo arrotolata in un angolo. Rispetto a quella su cui favoleggiavo così tanti lustri prima, la ritrovo più appesantita. Ho venti minuti di viaggio a disposizione. Decido di srotolarla e di andare a sbirciare in almeno qualcuna delle scene che sono state.

Mi vedo appena laureata, insieme a un gruppo di bambini in un asilo; siamo seduti per terra in un'aula. I piccoli hanno le mani e i piedi imbrattati di colori e stampano le loro impronte su un foglio grande. È sufficiente andare qualche centimetro più in là ed ecco un'altra scena: ho davanti uno schermo di computer dentro al quale altri bambini stanno giocando. Sono lì per studiare come comunicano, tra loro e con gli adulti. È parte della mia ricerca americana. Questa volta però la mia America non è quella affacciata su Riverside Drive, ma sugli aceri rosso fiamma di un campus di Boston in autunno.

Cambio quadro e torno a Venezia. Dove un nuovo lavoro mi fa tuffare di colpo nel mondo della presa di coscienza femminile anni ottanta. Un tuffo che mi ha permesso di capire quello che trent'anni prima avevo solo intuito: erano proprio le donne maltrattate le più ignorate fra tutti. I matti hanno dimostrato che si può tornare a essere persone. La voce se la sono ripresa là dove l'istituzione che li teneva segregati è stata distrutta e la città ha saputo costruire un'organizzazione capace di accoglierli come cittadini al pari degli altri. Ma le donne? Chi riconosceva e ascoltava quelle incarcerate nella solitudine della loro casa? Quelle che se urlano è come se lo facessero da mute; quelle impoverite e picchiate, zittite dalla violenza di uomini incapaci di mettersi in relazione e di comprenderle? Il fotogramma sulla tela me le mostra in un ritratto nitido: sono di ogni età e provenienza e stanno nel piccolo salotto colorato che ha preso il posto di un freddo ufficio comunale. Siamo intente, tutte insieme, a creare un luogo capace di ascoltarle, di trovare risposte e di offrire certe chiavi di case segrete dove rifugiarsi e ritrovarsi.

Il vaporetto rallenta. C'è da attraversare il bacino per arrivare a San Marco. Ho ancora del tempo per tornare ad altre immagini: asfalto rotto, tutto intorno mura sbrecciate dai proiettili. Mi faccio largo tra quello che era sangue, ma che da poco è stato trasformato in fiori indelebili a colpi di vernice rosa, per non dimenticare. Sono le rose di Sarajevo. Non so perché ma ripenso a Velio, con il suo pennello. Mi trovo costretta a camminarci sopra come fanno tutti gli altri. Sto andando a incontrare altre donne ridotte al silenzio, quelle che la guerra l'hanno osservata da troppo vicino; visto che è stata combattuta dentro e sopra i loro corpi.

Dalle rose di Sarajevo ai mattoni e alle arcate del Jerusalem Ymca, il celebre edificio costruito a Gerusalemme negli anni trenta dallo stesso architetto dell'Empire State Building di New York. Ostello e centro culturale, è lo sfondo di un altro fotogramma che mi si para davanti. Su una tela che ormai, a occhio e croce, deve avere superato i ventiquattro metri della *Crociata dei bambini* del cugino Vittorio. I bambini di Vittorio a Gerusalemme non ci sono mai arrivati, ma noi sì. Siamo arrivati da Venezia. Per fare incontrare ragazzi divisi dalla storia, ragazzi che ora qui si guardano, si annusano, si conoscono, si parlano e in qualche modo si incrociano, contro ogni previsione. Sono palestinesi e israeliani. I giovani veneziani fanno da tramite. Stanno lì, in quella terra di tutti e di nessuno, a cercare di andare oltre le barriere in cui gli adulti li hanno stretti: tra limiti e staccionate che parlano di divisioni, di violenza, di cancellazione. L'ombra delle mani intrepide che mi sono state vicine mentre coloravo questa mia personale tela è arrivata fino a qui, seguendo una logica di fili intrecciati insieme, come di matasse che si fanno gomitoli. Eccola quell'ombra a lambirci. Noi grandi, insieme a quei ragazzi maldestri, tesi eppure sorridenti, scrutiamo oltre quelle staccionate. Cercando di capire, se non come abbatterle, almeno come scavalcarle, anche solo per un poco.

Il borbottio del vaporetto è sparito. Resta solo il rumore dell'onda che sfiora lo scafo. In effetti siamo ormai fermi al pontile, a San Marco. La corsa è finita. Scendo e mi ficco dentro calle delle Rasse. Domani mattina devo svegliarmi presto. Mi aspetta la classe della maestra Giorgia. Devo parlare con i bambini di matti e di diversità varie che ormai sono la mia specialità. Devo raccogliere i pensieri e i ricordi. Mi aspetteranno in campo San Giovanni e Paolo, tra l'ospedale con la sua facciata rinascimentale di marmi policromi e la chiesa medievale. So che saranno tutti seduti sulle seggioline di cartone pieghevoli, quelle che si portano dalla classe ogni volta che escono per osservare da vicino la città, per dipingere o per ascoltare storie. Saranno in tanti, tra un gioco e un pensiero, ad alzare le mani e a chiedermi, curiosi:

"Ma tu non avevi paura dei matti?".

"E tuo papà cosa diceva?"

E io inizierò a raccontare.

Il retrobottega

Nel retrobottega, al momento giusto, il lavoro è iniziato: parole dette, parole ascoltate e immediatamente trasferite su foglio. Forse si sarebbero combinate insieme per arrivare a una storia da far leggere ad altri, magari non più bambini, ma chissà. Chi ascolta scrive su un quaderno grande con la copertina bianca e nera, primo custode di quei racconti e più comodo di un pc; capace di stare indifferentemente su un ginocchio tra i cuscini del divano, su un tavolo da giardino o su uno sgabello da bar. Oppure a fianco del tecnologico computer, quando gli appunti presi a mano acquistano forma elettronica: senza più frecce a legare frasi tra loro; senza più segni a incorniciarne altre o disegni a ricordare un'immagine precisa, una certa risata, un certo clima, un certo odore. Le dita lasciano la penna e iniziano a battere sulla tastiera. Gli scarabocchi spariscono, i fotogrammi di vita prendono struttura e cominciano ad accomodarsi in un certo ordine, con un certo senso.

Una volta sistemato nel file, il racconto è pronto per essere letto a chi l'aveva offerto. Ed ecco che la narratrice inizia il suo, di ascolto. Nel retrobottega può allora cominciare il lavoro comune di cesello, di pulizia, di limatura, di aggiustamento, se necessario di ripensamento. Un viaggio laborioso e bello, a due teste e a quattro mani. Dove una testa cerca di riconoscere la sua storia e le parole perfette per dirla e l'altra, in una specie di spontanea identificazione, le fa da contraltare e lancia proposte. Per migliorare dove si deve, per essere il più possibile fedele ai racconti che ha raccolto. La sensazione fin dall'inizio è stata una: che siano state proprio le vicende eccezionali di cui si è parlato ad aver permesso tutto questo. Un lungo viaggio che è riuscito perfino a farsi lieve e sorridente, pur attraversando questioni tanto difficili.

Il retrobottega ha preso tante forme senza però cambiare mai atmosfera e contenuti. È stato un salotto ampio, con un bel divano verde salvia, due tazze da tè appoggiate sul kilim steso sul pavimento rosso, con la luce che arriva dalle finestre grandi affacciate a una calle luminosa di Venezia. Un salotto circondato da libri capaci di inserirsi anche loro nel dibattito in corso. Libri di infanzia mescolati con parte dei volumi ereditati da Franco e da Franca; quelli dell'adolescenza che si mischiano a testi di studio, saggistica e lettura. Il romanticismo inglese insieme ai classici russi e francesi, gli audiolibri.

Ha poi preso la forma degli alberi e delle vetrate della serra dei Giardini della Biennale veneziana, popolata di bambini in grande attività durante la Terza Conferenza Internazionale sulla Decrescita, quando la Fondazione Franca e Franco Basaglia ha organizzato *Solo i bambini crescono*, un laboratorio di fiabe da ascoltare e di pane da impastare per riflettere su integrazione, condivisione e diritti comuni. Retrobottega è diventata anche un'aula vuota dell'Università di Padova. Presa in prestito durante gli intervalli del corso di formazione per donne migranti sulla prevenzione e il contrasto della violenza di genere, del Progetto europeo *Speak out!* E poi, a università ormai chiusa, si è spostato in un bar della stazione, al tavolino d'angolo in fondo, tra ordinazioni di toast e attese di treni. Come se non bastasse, è stato capace di sfaldarsi e seguire la forma bislunga e invisibile della connessione wifi. Le due teste sono entrate in contatto anche via etere, grazie a Skype. Ognuna affacciata su un suo paesaggio, da una parte il sugo sul fuoco ("Ma le vongole ti sei ricordata di farle spurgare?") e dall'altra il campanello che suona ("Ma che ora è? Sono già arrivati e non ho ancora preparato niente!"). Così, alla fine, la storia da far leggere ad altri, che è diventata decisamente non più da bambini, è arrivata.

Indice